微信扫描本书二维码，了解更多线上资源

领取学习资料，安全处理污水

本书配套

答案解析： 检测学习效果，巩固所学知识

知识拓展

- **案例分享**
- **安全生产手册**
- **法律法规**

扫码添加智能阅读向导

中国生态环境产教融合丛书
智 慧 水 务 专 业 教 材

污水处理厂安全生产管理

崔明池　高 栗　宗德森　主编

中国环境出版集团・北京

图书在版编目（CIP）数据

污水处理厂安全生产管理/崔明池，高栗，宗德森主编. —北京：中国环境出版集团，2022.5（2024.2 重印）
（中国生态环境产教融合丛书）
智慧水务专业教材
ISBN 978-7-5111-5147-6

Ⅰ. ①污… Ⅱ. ①崔…②高…③宗… Ⅲ. ①污水处理厂—安全生产—生产管理—教材 Ⅳ. ①X505

中国版本图书馆 CIP 数据核字（2022）第 078053 号

出 版 人	武德凯
责任编辑	曹 玮
责任校对	薄军霞
封面设计	岳 帅

出版发行	中国环境出版集团
	（100062 北京市东城区广渠门内大街 16 号）
	网 址：http：//www.cesp.com.cn
	电子邮箱：bjgl@cesp.com.cn
	联系电话：010-67112765（编辑管理部）
	发行热线：010-67125803，010-67113405（传真）
印 刷	玖龙（天津）印刷有限公司
经 销	各地新华书店
版 次	2022 年 5 月第 1 版
印 次	2024 年 2 月第 2 次修订印刷
开 本	787×1092 1/16
印 张	14.75
字 数	316 千字
定 价	49.00 元

中国生态环境产教融合丛书

编 委 会

本书编委会

主　任

于立国（北控水务集团有限公司）

于良法（北控水务集团有限公司）

副主任

周旭辉（北控水务集团有限公司）

冀广鹏（北控水务集团有限公司）

龙小兵（北控水务集团有限公司）

丁曰堂（北控水务集团有限公司）

主　编

崔明池（北控水务集团有限公司）

高　栗（长沙环境保护职业技术学院）

宗德森（北控水务集团有限公司）

副主编

刘　毅（河北工业职业技术大学）

编　委

李　欢（湖南工商大学）

季英奎（北控水务集团有限公司）

李春亭（北控水务集团有限公司）

曹　喆（长沙环境保护职业技术学院）

朱邦辉（长沙环境保护职业技术学院）

总 序

2021 年是“十四五”开局之年，我国生态环境产业将继续迎来蓬勃发展的重要机遇期，国家着力建立健全绿色低碳循环发展经济体系，促进经济社会发展全面绿色转型。面对新的发展时期，在“绿水青山就是金山银山”理念和生态文明思想的指引下，水务行业将从传统的水资源利用和水污染防治逐渐发展为生态产品价值体现以及环境资源贡献。

随着生态环境产业的迅速发展，对技术创新力的要求不断提高，市场竞争中行业人才供给有着非常大的缺口，而“产教融合”正是解决这一“缺口”的有效途径。企业通过与高校开展校企合作，联合招生，共同培养水务人才；企业专家和高校教师共同制定培养方案并开发教材，将污水处理厂作为学生的实习基地；企业专家担任高校授课教师，从而将对岗位能力的实际需求全方位地融入学生的培养过程。

2017 年，《关于深化产教融合的若干意见》印发，鼓励企业发挥重要主体作用，深化引企入教，促进企业需求融入人才培养环节，培养大批高素质创新人才和技术技能人才；2019 年，《国家产教融合建设试点实施方案》再次强调，企业应通过校企合作等方式构建规范化的技术课程、实习实训和技能评价标准体系，在教学改革中发挥重要主体作用，在提升技术技能人才和创新创业人才培养质量上发挥示范引领作用；2021 年，《中华人民共和国国民经济和社会发展第十四个五年规划和 2035 年远景目标纲要》提出，建设高质量教育体系，提出推行“学历证书+职业技能等级证书”制度，深化产教融合、校企合作，鼓励企业举办高质量职业技术教育，实施现代职业技术教育质量提升计划，建设一批高水平职业技术院校和专业。

北控水务集团有限公司是国内水资源循环利用和水生态环境保护行业的旗舰企业，集产业投资、设计、建设、运营、技术服务与资本运作为一体。近年来，在国家政策导向和企业发展战略的双重驱动下，北控水务集团有限公司在多年实践经验的基础上，进一步推动在产教融合领域的积极探索，把握（现代）产业学院建设、1+X 证书制度试点建设、“双师型”教师队伍建设、公共实训基地共建共享等重大政策机遇，围绕产教融合“大平台+”建设规划开展了一系列实践项目，并取得了显著成果。北控水务集团有限公司希望通过践行产教融合战略，推动行业人才培养和技术进步，为水务行业的持续发展提供有力的支持和帮助。

“中国生态环境产教融合丛书”（以下简称丛书）主要包括智慧水务管理、职业技能等级标准、大学生创新创业、实习培训基地等，聚焦生态环境领域人才培养，采用校企双元合作的教材开发模式和内容及时更新的教材编修机制，深度对接行业企业标准，落实“书证融通”相关要求，同时适应“互联网+”发展需求，加强与虚拟仿真软件平台的结合，重视对学生实操能力的培养。

由于丛书内容涉及多学科领域，且受编者水平所限，难免有遗漏和不足之处，敬请读者不吝指正。

北控水务集团有限公司轮值执行总裁

生态环境职业教育教学指导委员会副秘书长

2021 年 12 月

前　言

党的十八大以来，以习近平为核心的党中央把安全生产摆在重要位置，把安全与发展并列作为全党必须统筹抓好的两件大事，作为当前新发展理念和高质量发展的重要内容。党的十九届五中全会提出，要把安全发展贯穿国家发展各领域和全过程，防范和化解影响我国现代化进程的各种风险，筑牢国家安全屏障。在我国“十四五”时期乃至今后更长一个时期的发展阶段，实施国家安全战略，建设更高水平的平安中国，才能确保国家经济安全，保障人民生命安全，维护社会稳定和安全，实现中国经济行稳致远、社会安定和谐。北控水务集团有限公司（以下简称北控水务集团）总裁周敏认为，“安全发展”是北控水务集团发展的基本面，在安全的前提下求发展既是时代的要求，也是北控水务集团的期待，更是北控水务集团社会价值的体现。

本书的编写离不开北控水务集团副总裁于良法先生的大力支持，并由北控水务集团崔明池、宗德森，长沙环境保护职业技术学院高粟担任主编。全书共 4 个模块，各模块编写人员和分工如下:

模块 1　安全生产管理基础（长沙环境保护职业技术学院高粟），主要介绍了安全生产常用术语及定义，讲解了事故致因理论及安全管理理论。

模块 2　污水处理厂工作劳动保护（长沙环境保护职业技术学院高粟、朱邦辉，北控水务集团宗德森、李春亭），主要介绍了污水处理厂危险源辨识、风险评价方法及风险管控措施，讲解了污水处理厂安全生产责任制、规章制度、培训教育、安全检查与隐患排查、警示标志、劳动防护、安全投入、事故管理等安全管理要求。

模块 3　污水处理厂安全生产操作（长沙环境保护职业技术学院曹喆，北控水务集团宗德森、李春亭），主要介绍了污水处理厂各类设备的安全操作规程及管理要求，介绍了污水处理厂常见岗位安全生产职责，讲解了有限空间作业的管理要求及注意事项。

模块 4　污水处理厂事故应急（湖南工商大学李欢，北控水务集团宗德森、李春亭），主要讲解了污水处理厂事故应急预案的编制、演练与评估，介绍了常见事故应急处置方案。

本书以污水处理厂典型工艺和主要构筑物为依托，全面介绍了污水处理厂的主要生产设备设施及作业环境，着重阐述了污水处理厂安全运行管理相关内容，注重对学生应用能力和职业技能的培养，内容为污水处理行业较为前沿的安全管理相关知识。为便于使用，在相关学习任务中，附实操案例和任务练习。

本书注重理论与实际的有机结合，体现产教融合、校企合作的知识深度，做到高职、应用本科有效衔接，同时能够满足智能水厂运行与调控和水环境监测与治理等职业技能等级证书相关培训需求。本书的编写依托行业领军企业北控水务集团、国家级职业教育教师教学创新团队及国家级课程思政示范课程教学团队；此外，北控水务集团崔显平，山东水利职业学院张伟、乔鹏等专家学者对本书的编写提供了大力支持。

中国环境出版集团曹玮女士对本书的编辑、出版、发行工作提供了大量帮助，北控水务集团冀广鹏先生对本书的选题、立项和撰写工作提供了大力支持，北控水务集团丁曰堂先生对本书的编目、统稿等工作提供了积极协助。在此，向参与和协助本书出版的所有人员致谢！

限于编者的水平，本书难免有不当之处，恳请广大读者批评指正。

编者

2021 年 8 月

目 录

模块 1　安全生产管理基础

【模块导入】

《中华人民共和国安全生产法》（以下简称《安全生产法》）将“安全第一、预防为主、综合治理”确定为我国安全生产工作的基本方针。“安全第一”就是在生产经营活动中，在处理安全与生产经营活动的关系时，要始终把安全放在首要位置，优先考虑从业人员和其他人员的人身安全，实行“以人为本”“安全优先”的原则。在确保安全的前提下，努力实现生产的其他目标。“预防为主”就是按照事故发生的规律和特点，事先辨识危险和可能发生的事故，千方百计地预防事故的发生，做到防患于未然，将事故消灭在萌芽状态。“综合治理”就是要依法治理和依规治理，要综合利用政府监督机制、企业自我防范机制、从业人员自我约束机制、社会监督机制以及中介机构支持与服务机制，提高我国的安全生产水平。虽然在企业的生产活动中还不可能杜绝事故的发生，但只要思想重视，预防措施得当，加强监督管理，事故是可以预防或大大减少的。要想做好污水处理厂的安全管理工作，首先需要了解安全及其相关的基础知识。

任务 1　安全相关常用术语

【任务目标】

掌握安全的基本含义；理解安全相关的常用术语；能正确辨别危险源、重大危险源；能识别事故类型及事故等级。

【知识铺垫】

一、安全及安全生产

1. 安全

安全通常指人没有受到威胁、危险、危害、损失，泛指没有危险、不出事故的状态。安全包括三层含义：

（1）安全是相对的

世界上任何生产系统都含有不安全的因素，都具有一定的危险性，没有任何生产系统是绝对安全的。“安全”的系统并不意味着已经杜绝了事故和事故的损失，而是说事故发生的可能性相对较低，事故损失的严重程度相对较小。现实中的安全系统不可能是“事故为零”的绝对状态，人们应该不断克服系统中的各种危险有害因素，追求“相对更高的安全程度”这一安全目标。

（2）安全是主观和客观的统一

安全反映了人们对系统客观危险性的主观认识和容忍程度。作为客观存在，系统危险因素引发的事故何时、何地、以何种程度发生，将造成何种严重后果，不可能完全准确地预料，但是人们可以通过研究事故发生的条件和统计规律来认识系统的危险性；作为客观存在的主观认识，安全表达了人们内心对危险的容忍程度。事故发生频率和事故后果严重程度的提高或人们内心对事故的容忍程度的降低都会产生不安全的感觉。

（3）安全需要以定量分析为基础

安全的定量分析有三个重要指标，即系统事故发生的概率、事故损失的严重程度、可接受的危险水平。为了确认系统的安全程度，人们必须首先确定系统事故发生的概率及事故损失的严重程度，再与可接受的危险水平进行比较；为了实现系统安全，人们需要对事故发生的概率及其严重程度有重点地采取控制措施。

2. 本质安全

本质安全是指设备、设施或技术工艺含有内在的能够从根本上防止事故发生的功能。具体包括两方面的功能：

（1）失误安全功能

指操作者即使操作失误，也不会发生事故或伤害，或者说设备、设施或技术工艺本身具有自动防止人为的不安全行为的功能。

（2）故障安全功能

指设备、设施或生产工艺发生故障或损坏时，还能暂时维持正常工作或自动转变为安全状态的功能。

上述两种安全功能应该是设备、设施或技术工艺本身固有的，即在规划设计阶段就被考虑，而不是事后补偿。

本质安全是生产中“预防为主”的根本体现，也是安全生产的最高境界。实际上，由于技术、资金和人们对事故的认识等原因，目前还不能做到本质安全，只能作为追求的目标。

3. 安全生产

安全生产是指在社会生产活动中，通过人、机器、物料、环境、方法等的协调运作，生产过程中潜在的各种事故风险和伤害因素始终处于有效控制状态，切实保护劳动者的生命安全和身体健康。也就是说，为使劳动过程在符合安全要求的物质条件和工作秩序下进行，防止人身伤亡、财产损失等生产事故，消除或控制危险有害因素，保障劳动者的安全健康和设备设施免受损坏，使环境免受破坏的一切行为。安全生产是安全与生产的统一，其宗旨是安全促进生产，生产必须安全。做好安全生产工作，可以改善劳动条件，增强劳动者的安全意识，减少职工伤亡，从而减少企业财物损失，增加企业效益。

4. 职业病

职业病是指劳动者在职业活动中，接触粉尘、放射性物质和其他有毒有害物质等而引起的疾病。由于预防工作的疏忽及技术的局限性，使健康受到损害，称为职业性病损，包括工伤、职业病及与工作有关的疾病。也可以说，职业病是职业性病损的一种形式。

在职业活动中，如接触粉尘可导致尘肺病，接触工业毒物可导致职业中毒，接触工业噪声可导致噪声聋。由国家主管部门公布的职业病目录所列的职业病称为法定职业病。

二、危险及危险源

1. 危险

根据系统安全工程的观点，危险是指系统中存在的导致发生不期望后果的可能性超过了人们的承受程度。从危险的概念可以看出，危险是人们对事物的具体认识，必须指明具体对象，如危险环境、危险条件、危险状态、危险物质、危险场所、危险人员、危险因素等。

一般用风险度来表示危险的程度。在安全生产中，风险度由生产系统中事故发生的可能性与严重性得出，即

$$R=f(F, C) \tag{1-1}$$

式中：R——风险度；

F——事故发生的可能性；

C——事故发生的严重性。

2. 危险源

危险源是指一个系统中具有潜在能量和物质释放危险的、可造成人员伤害、在一定触发因素作用下可转化为事故的部位、区域、场所、空间、岗位、设备及位置。它的实质是具有潜在危险的源点或部位，是事故发生的源头，是能量、危险物质集中的核心，是能量传出或爆发的地方。危险源存在于确定的系统中，不同的系统范围，危险源的区域也不同。

危险源由 3 个要素构成：潜在危险性、存在条件和触发因素。潜在危险性是指一旦触发事故，可能带来的危害程度或损失大小，或者说危险源可能释放的能量的强度或危险物质量的大小。存在条件是指危险源所处的物理状态、化学状态和约束条件状态，如

物质的压力、温度、化学稳定性，盛装压力容器的坚固性，周围环境及障碍物等情况。触发因素虽然不属于危险源的固有属性，但它是危险源转化为事故的外因，而且每个类型的危险源都有相应的敏感触发因素，如对于易燃、易爆物质，热能是其敏感触发因素；对于压力容器，压力升高是其敏感触发因素。因此，一定的危险源总是与相应的触发因素相关联。在触发因素的作用下，危险源转化为危险状态，继而转化为事故。一般来说，危险源可能存在事故隐患，也可能不存在事故隐患，对于存在事故隐患的危险源一定要及时加以整改，否则随时都可能导致事故发生。

3. 重大危险源

为便于对危险源进行分级管理，防止重大事故发生，有学者提出了重大危险源的概念。从广义上来说，可能导致重大事故发生的危险源就是重大危险源。

《安全生产法》和《危险化学品重大危险源辨识》（GB 18218—2018）对重大危险源作出了明确的规定。《安全生产法》对重大危险源的解释是："重大危险源，是指长期地或者临时地生产、搬运、使用或者储存危险物品，且危险物品的数量等于或者超过临界量的单元（包括场所和设施）。"当单元中有多种物质时，如果各类物质的量满足下式，该单元就是重大危险源。

$$q_1/Q_1+q_2/Q_2+\cdots+q_i/Q_i\geqslant 1 \tag{1-2}$$

式中：q_i——单元中物质 i 的实际存在量；

Q_i——物质 i 的临界量。

根据《危险化学品重大危险源辨识》，城镇污水处理厂可能存在的重大危险源有 5 t 及以上液氯、200 t 及以上液氧、500 t 及以上甲醇、100 t 及以上氯酸钠等。

三、事故及事故隐患

1. 事故及其分类

事故一般是指当事人违反法律法规或由疏忽失误造成的意外死亡、疾病、伤害、损坏或者其他严重损失的情况，如交通事故、生产事故、医疗事故、自伤事故等。

事故是发生在人们的生产、生活活动中的意外事件。在事故的种种定义中，伯克霍夫（Berckhoff）的定义较著名。伯克霍夫认为，事故是人（个人或集体）在为实现某种意图而进行的活动过程中，突然发生的、违反人的意志的、迫使活动暂时或永久停止、迫使之前存续的状态发生暂时或永久性改变的事件。事故的含义包括：

①事故是一种发生在人类生产、生活活动中的特殊事件，人类在任何生产、生活活动过程中都可能发生事故。

②事故是一种突然发生的、出乎人们意料的事件。由于导致事故发生的原因非常复杂，往往包括许多偶然因素，所以事故的发生具有随机性。在一起事故发生之前，人们

无法准确地预测在什么时候、什么地方、会发生什么样的事故。

③事故是一种迫使进行着的生产、生活活动暂时或永久停止的事件。事故中断或终止人们正常活动的进行，必然会给人们的生产、生活带来某种形式的影响。因此，事故是一种违背人们意志的事件，是人们不希望发生的事件。

事故的分类方法有很多种，我国在工伤事故统计中，按照《企业职工伤亡事故分类》（GB 6441—1986）将企业工伤事故分为 20 类，分别为物体打击、车辆伤害、机械伤害、起重伤害、触电、淹溺、灼烫、火灾、高处坠落、坍塌、冒顶片帮、透水、放炮、火药爆炸、瓦斯爆炸、锅炉爆炸、容器爆炸、其他爆炸、中毒和窒息及其他伤害。

2．事故隐患

《安全生产事故隐患排查治理暂行规定》（国家安监总局令　第 16 号）将安全生产事故隐患定义为："生产经营单位违反安全生产法律、法规、规章、标准、规程和安全生产管理制度的规定，或者因其他因素在生产经营活动中存在可能导致事故发生的物的危险状态、人的不安全行为和管理上的缺陷。"

事故隐患分为一般事故隐患和重大事故隐患。一般事故隐患，是指危害和整改难度较小，发现后能够立即整改排除的隐患；重大事故隐患，是指危害和整改难度较大，应当全部或者局部停产停业，并经过一定时间整改治理方能排除的隐患，或者因外部因素影响致使生产经营单位自身难以排除的隐患。

【任务练习】

2018 年 3 月 28 日晚上 11 点左右，安徽阜阳蓝天救助队接到求助，称阜阳市某造纸厂发生一起事故，4 人落入沼气池。事发当晚，造纸厂的负责人（厂长）邀请一位村民帮忙处理污水池，却被污水池中的毒气毒晕，后期赶来相救的人，也被毒气毒晕，最终造成了 2 人当场死亡、2 人因抢救无效死亡的悲剧。

（1）请问这起事故的类型是什么？

（2）该事故中存在哪些事故隐患？

（3）该事故中存在职业危害因素吗？是否会导致职业病呢？

（扫码获取参考答案）

（4）污水处理厂在依法进行安全管理时应本着什么样的安全生产方针？

任务 2　安全管理理论

【任务目标】

熟悉安全管理理论的原理；了解不同的管理理论及事故致因理论的决定因素；能结合安全管理理论的知识了解事故产生的原因，从而在生产过程中加以防范。

【知识铺垫】

安全生产管理是企业管理的一个组成部分，因此它必然遵循企业管理的基本原理和原则，并且与企业管理有共同的特征。

管理理论和实践中的一个重要问题就是管理者如何看待人。马克思曾经指出："人的本质并不是单个人所固有的抽象物，实际上，它是一切社会关系的总和。"西方管理理论是以对人性的认识为基础的，对人性的假定不同，相应的管理制度、管理方法也不相同。下面介绍在西方管理理论中比较典型的基于人性的管理理论。

一、管理理论

1. X 理论

科学管理的创始人泰罗把人看成单纯的"经济人"，认为人的一切活动都是出于经济动机，把管理者和工人的行为本质看作个人主义。泰罗的这种观点被称作 X 理论。

X 理论认为，人的天性就是好逸恶劳，所以总是设法逃避工作；人没有什么上进心，宁可听从别人指挥也不愿承担责任；人生下来就以自我为中心，对组织的要求和目标不太关心，人的行为动机只是建立在生理需要和安全需要的基础上。所以，在实施管理的过程中，往往采用强制、处罚等手段，迫使人们为实现组织目标而工作。

X 理论还认为，人是缺乏理性的，本质上不能控制自己而容易受他人影响，只有少数人才具有胜任工作的创造力，并能够承担起管理者的责任。因此，相应的管理措施是，以经济报偿来吸引工人，而对消极怠工者则给予严厉的惩罚。其管理特征是订立各种严格的管理制度和法规，运用领导的权威和严密的控制体系来保护组织本身，让工人完成组织任务。管理工作只是少数人的事情，不让工人参加管理。组织目标能达到何种程度，依赖于管理者如何控制工人。在这种管理方式下，工人的劳动态度是，"给多少钱，干多少活"。例如，丰田公司美国市场运营部副总裁鲍勃·麦格克雷就是 X 理论的追随者，他激励员工拼命工作，并实施"鞭策"式体制，在竞争激烈的市场中，这种做法使丰田产品的市场份额得到了大幅度的提高。

2. 参与管理理论

曾经主持霍桑实验的美国心理学家梅奥认为人是"社会人"，并提出了参与管理理论。他认为，人的工作动机基本上是由社会需求引起的，并通过同事间的关系得到认同；应该从社会关系方面去寻求工作的意义；群体对人的社会影响力要比管理者的经济报偿或控制作用更大；人的工作效率取决于社会需求被满足的程度。

根据这种理论，影响人的行为动机的因素，除物质利益外，还有社会的和心理的因素，并且把人与人之间的关系看作是调动工人积极性的决定性因素。管理者除了要注意组织目标的完成，还特别要把注意力放在关心人、满足人的需要上。在实施控制或激励之前，应先了解工人对群体的归属感的满足程度。如果管理者不能满足工人的社会需要，工人就会疏远组织。因此该理论认为，个人奖励制度不如集体奖励制度。管理者的职能要增加一项内容，即善于倾听和沟通工人的意见，正确处理人际关系，这样才能使工人参与管理。事实表明，参与管理比任务管理更为有效，因为参与管理改善了管理者与工人之间的对立关系，并且有利于信息沟通。

3. Y 理论

马斯洛认为，自我实现是人的需要的最高层次，最理想的人是“自我实现的人”。人除了社会需求，还想充分运用自己的能力实现自己对生活追求的欲望，从而真正感悟生活和工作的意义。

阿吉里斯认为，在人的个性发展方面有一个从不成熟到成熟的发展过程，最后形成一个健康的个性。成熟的过程也就是自我实现的过程。他认为，正式组织具有先天地禁止人们成熟的功能。组织的劳动分工、权力等级、统一指挥和组织控制等如不能适应健康个性发展的需要，会妨碍自我实现。他主张扩大工人的工作范围，使工人具有从事多种工作的经验。采用参与式的、以工人为中心的领导方式，加重工人的责任，实现工人的自我控制。管理者应善于促进人的成熟，从而促进人的能力的发挥和效率的提高。

麦格雷戈提出了与 X 理论完全对立的 Y 理论。Y 理论认为，人并非生来就是好逸恶劳的，要求工作是人的本能，人们对工作的好恶取决于工作对于他们是一种满足还是一种惩罚；外来的控制与赏罚并不是使人工作的唯一方法，人们为了心目中的目标而工作，才能够自我控制；对企业目标的参与程度，与获得成绩的报偿直接相关，自我实现需要的满足是最重要的报偿，能显著地促使人们努力工作；不愿负责任、缺乏雄心壮志并非人的天性，往往是本人特殊生活经验产生的结果；大多数人都有相当程度的想象力和创造力，但是人的智力一般只得到部分发挥。因此，应该把管理重点由经济报偿转移到人的作用和工作环境方面。管理者应尽量把工作安排得富有意义，使工人能引以为豪，且自尊心得到满足，这有利于充分发挥个人的智慧和能力。管理者应鼓励人们参与自身目标和组织目标的制订，把责任最大限度地交给他们，相信他们能够自觉地迈向组织目标。应该用启发与诱导代替命令与服从，用信任代替监督。

4. 超 Y 理论

行为科学家莫尔斯和罗尔施认为，X 理论并非全部错误、毫无用处，而 Y 理论也并非全部正确、随处可用，应该把 X 理论与 Y 理论结合起来，根据具体情况灵活运用。因此，他们提出一种“超 Y 理论”，该理论认为人们怀着不同的需要和动机去工作，但最主要的需要是取得胜任感；人人都有取得胜任感的动机，但是不同的人可以用不同的方式来实现，这取决于一个人的这种需要与其他需要之间的相互作用；当工作性质与领导方式相结合时，人们工作的胜任感最能被满足；一个目标达成后，人们的胜任感可以继续被激励，从而为达到更新、更高的目标而努力工作。

超 Y 理论认为，任务和人员的多变性，使任务、组织和人员三者之间的关系比较复杂。正因为这种相互关系复杂，管理者可能采取的最好行动将是整顿组织，使之适合任务和人员。也就是说，超 Y 理论的主要思想是使任务、组织和人员彼此适合。

5. 权变理论

权变理论出现在 20 世纪 70 年代，它既要求看到各组织中的相似性，又要求承认其差异性，在全面实际的情况下探寻任务、组织与人的协调配合。在企业管理中要根据企业所处的内外条件权宜应变，采取适宜的管理措施，本质上不存在普遍适用的最好的管理理论和方法。

美国心理学家西恩提出了“复杂人”的观点，他认为人的需求是多种多样的，而且人的需求是随条件的变化而变化的；人的原有需求与组织经验交互作用，使人获得在组织内行为的动机；在不同组织中，或同一组织的不同部门中，人的动机可能不同；不同的人的需求和能力是不同的，他们对管理方式的反应也不同。

从这种认识出发，管理者不但要洞察职工的个体差异，还要适时地发挥职工的应变能力。对不同需要的人，灵活地采用不同的管理措施或方法，不能千篇一律地采用一个固定的模式来管理。

将各种管理理论与马斯洛的需要层次论相比较可以看出，上述几种理论分别对应于人的不同层次的需要（图 1-1）。

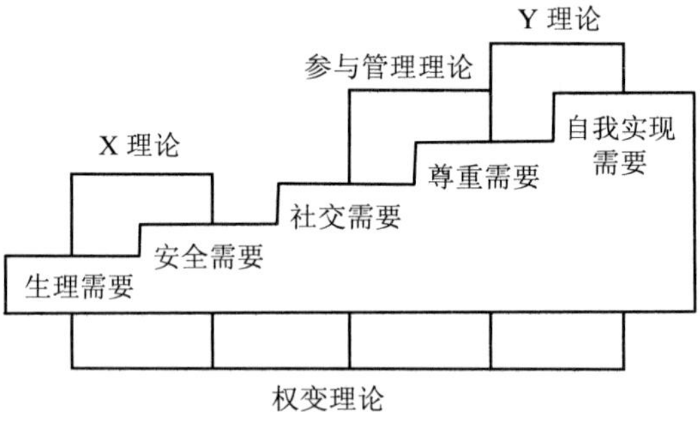

图 1-1　管理理论与需要层次

在我国的企业安全生产管理实践中，在不同程度上以不同的表现形式反映人性假设对安全管理的影响。例如，一些持“经济人”观点的企业领导者，把满足职工经济需要作为主要激励方式，以扣发奖金或罚款作为主要控制手段，而不注意满足职工的精神需要，不相信职工的创造性，很少考虑民主管理和职工代表大会的作用等。

在我国，管理者如何看待人的本质，如何看待企业中的广大职工，如何保障职工的民主管理权利，如何处理好管理者与被管理者之间的关系，如何选择正确的安全管理方式，都是安全管理工作中必须要面对和解决的重大课题。

二、事故致因理论

事故发生有其自身的发展规律和特点，只有掌握事故发生的规律，才能保证安全生产系统处于有效状态。事故致因理论是从大量典型事故的本质原因分析中所提炼出的事故机理和事故模型。这些机理和模型反映了事故发生的规律性，能够从理论上为事故原因的定性、定量分析以及事故的预测预防和改进安全管理工作提供科学、完整的依据。下面简要介绍几种有代表性的事故致因理论。

1. 海因里希因果连锁论

海因里希因果连锁论又称海因里希模型或多米诺骨牌理论。该理论由海因里希首先提出，用以阐明导致伤亡事故的各种原因及其与事故间的关系。该理论认为，伤亡事故的发生不是一个孤立的事件，尽管伤害可能在某瞬间发生，却是一系列具有一定因果关系的事件相继发生的结果。

（1）构成

海因里希因果连锁论把工业伤害事故的发生发展过程描述为具有一定因果关系的事件的连锁，即：

①人员伤亡的发生是事故的结果；

②事故的发生原因是人的不安全行为或物的不安全状态；

③人的不安全行为或物的不安全状态是由人的缺点造成的；

④人的缺点是由社会环境或由遗传因素造成的。

（2）影响因素

海因里希因果连锁论将事故因果连锁过程概括为以下五个因素：

1）遗传因素及社会环境

遗传因素及社会环境是造成人的性格缺陷的原因。遗传因素可能造成鲁莽、固执等不良性格；社会环境可能妨碍教育，助长性格缺陷的发展。

2）人的缺点

人的缺点是使人产生不安全行为或造成物的不安全状态的原因，包括鲁莽、固执、过激、神经质、轻率等性格上的先天缺点，以及缺乏安全生产知识和技术等后天的缺点。

3）人的不安全行为或物的不安全状态

所谓人的不安全行为或物的不安全状态是指那些曾经引起过事故，可能再次引起事故的人的行为或物的状态，它们是造成事故的直接原因。

4）事故

事故是由于物体、物质、人或放射线的作用或反作用，使人员受到伤害或可能受到伤害的，出乎意料、失去控制的事件。

5）伤害

由事故直接产生的人身伤害。

海因里希用多米诺骨牌来形象地描述这种事故的因果连锁关系，如图 1-2 所示。

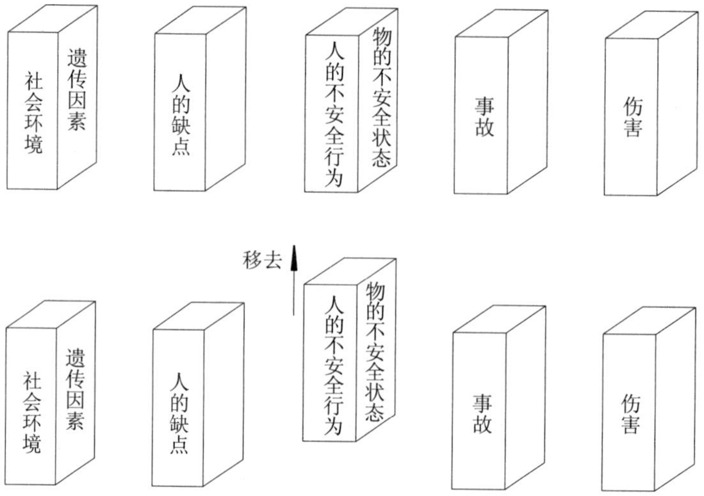

图 1-2 海因里希事故因果连锁模型

在多米诺骨牌系列中，一旦一颗骨牌被碰倒，将发生连锁反应，其余的骨牌会相继被碰倒。如果移去其中的一颗骨牌，则连锁被破坏，事故过程被中止（如图 1-2 中下图）。海因里希认为，企业安全工作的中心就是防止人的不安全行为，消除物的不安全状态，中断事故连锁的进程，从而避免事故的发生。

2．博德事故因果连锁论

博德在海因里希因果连锁论的基础上，提出了反映现代安全观点的事故因果连锁理论，如图 1-3 所示。

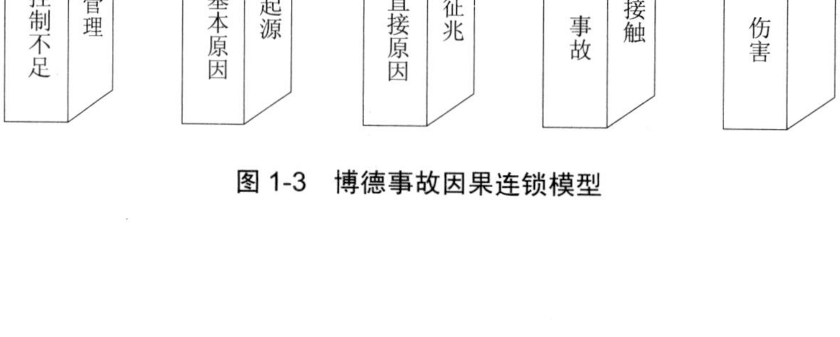

图 1-3 博德事故因果连锁模型

该理论认为：

①事故因果连锁中一个最重要的因素是安全管理，安全管理中的控制是指损失控制，包括对人的不安全行为、物的不安全状态的控制，是安全管理工作的核心。

对于绝大多数企业而言，由于各种原因，完全依靠工程技术上的改进来预防事故既不经济，也不现实。只有通过提高安全管理工作水平，并经过较长时间的实践，才能有效防止事故的发生。管理者必须认识到，只要生产没有实现高度安全化，就有发生事故及伤害的可能性，因而企业的安全活动中必须含有针对事故因果连锁中所有重要因素的控制对策。

在安全管理中，企业管理者的安全方针、政策及决策占有十分重要的位置，包括生产及安全的目标，职员的配备，资料的利用，责任及职权范围的划分，职工的选择、训练、安排、指导及监督，信息传递，设备、器材及装置的采购、维修及设计，正常及异常时的操作规程，设备的保养等。

管理系统是随着生产的发展而不断发展完善的，十全十美的管理系统并不存在。管理上的缺欠是导致事故发生的基本原因。

②为了从根本上预防事故的发生，必须查明事故的基本原因，并针对查明的基本原因采取对策。

基本原因包括个人原因及与工作有关的原因。个人原因包括缺乏知识或技能、动机不正确、身体上或精神上的问题等。与工作有关的原因包括操作规程不当，设备、材料不合格，正常的磨损及异常的使用方法，以及温度、压力、湿度、粉尘、有毒有害气体、蒸汽、通风、噪声、照明、周围的状况（如容易滑倒的地面、障碍物、不可靠的支持物、有危险的物体等）等环境因素。只有找出这些基本原因，才能有效地预防事故的发生。

③不安全行为或不安全状态是事故发生的直接原因。但直接原因只不过是基本原因的表面现象，如果只抓住作为表面现象的直接原因而不追究其背后隐藏的深层原因，就永远不能从根本上杜绝事故的发生。此外，企业安全管理人员应该能够预测及发现这些作为管理缺欠的表面现象的直接原因，并采取恰当的改善措施。

④防止事故就是防止接触，可以通过改进装置、材料及设施来防止能量释放，如训练提高工人识别危险的能力、佩戴个人防护用品等（越来越多的学者从能量的观点把事故看作是人的身体、构筑物或设备与超过其阈值的能量的接触，或人体与妨碍其正常活动的物质的接触）。

⑤事故造成的伤害包括工伤、职业病，以及对人员精神方面的不利影响等。在许多情况下，可以采取恰当的措施使事故造成的伤害最大限度地减少，如对受伤人员的迅速抢救、对设备进行抢修以及平时进行的应急训练等。

3．轨迹交叉理论

轨迹交叉理论的主要观点是，在事故发展的进程中，人的因素运动轨迹与物的因素运动轨迹的交点就是事故发生的时间和空间，即人的不安全行为和物的不安全状态发生于同一时间、同一空间，或者说人的不安全行为与物的不安全状态相遇，则将在此时间、空间发生事故。

轨迹交叉理论作为一种事故致因理论，强调人的因素和物的因素在事故致因中占有同等重要的地位。按照该理论，可以通过避免人与物两种因素运动轨迹的交叉，即避免人的不安全行为和物的不安全状态同时、同地出现来预防事故的发生。

轨迹交叉理论将事故的发生发展过程描述为：基本原因→间接原因→直接原因→事故→伤害，即事故致因因素导致事故形成的运动轨迹，具体包括人的因素运动轨迹和物的因素运动轨迹。

（1）人的因素运动轨迹

人的不安全行为基于生理、心理、环境、行为几个方面而产生：

①生理、先天的身体缺陷；

②社会环境、企业管理上的缺陷；

③后天的心理缺陷；

④视、听、嗅、味、触等感官能量分配上的差异；

⑤行为失误。

（2）物的因素运动轨迹

在物的因素运动轨迹中，生产过程各阶段都可能产生不安全状态：

①设计上的缺陷，如用材不当、强度计算错误、结构完整性差等；

②制造工艺上的缺陷；

③维修保养上的缺陷；

④使用上的缺陷；

⑤作业场所环境上的缺陷。

在生产过程中，人的因素运动轨迹按其①→②→③→④→⑤的顺序进行，物的因素运动轨迹按其①→②→③→④→⑤的顺序进行，人、物两轨迹相交的时间与地点，就是发生事故的“时空”，也就导致了事故的发生。值得注意的是，许多情况下人与物又互为因果。例如，物的不安全状态诱发了人的不安全行为，而人的不安全行为又促进了物的不安全状态的发展，或导致新的不安全状态出现。因此，实际生产中的事故并非简单地按照上述的人、物两条轨迹进行，而是非常复杂的因果关系。

若设法排除机械设备运行或危险物质处理过程中的隐患，或者消除人为失误和不安全行为，使两事件链的连锁中断，两运动轨迹则无法相交，危险就不会出现，就可避免事故发生。

对于人的因素而言，强调工种考核，加强安全教育和技术培训，进行科学的安全管理，从生理、心理和操作管理上避免人的不安全行为的产生，就等于中断了事故产生的人的因素轨迹。

而多数情况下是由于企业管理不善，使工人缺乏教育和训练或者机械设备缺乏维护、检修以及安全装置不完备，导致了人的不安全行为或物的不安全状态。

轨迹交叉理论突出强调的是中断物的事件链，提倡采用可靠性高、结构完整性强的系统和设备，大力推广保险系统、防护系统、信号系统及高度自动化遥控装置。这样，即使人为失误，也会因安全闭锁等可靠性高的安全系统的作用控制住物的因素运动轨迹的发展，避免伤亡事故的发生。

因此，管理的重点应放在控制物的不安全状态上，即消除“起因物”，当然就不会出现“加害物”，中断物的因素运动轨迹，使人与物的轨迹不相交，事故即可避免（图 1-4）。

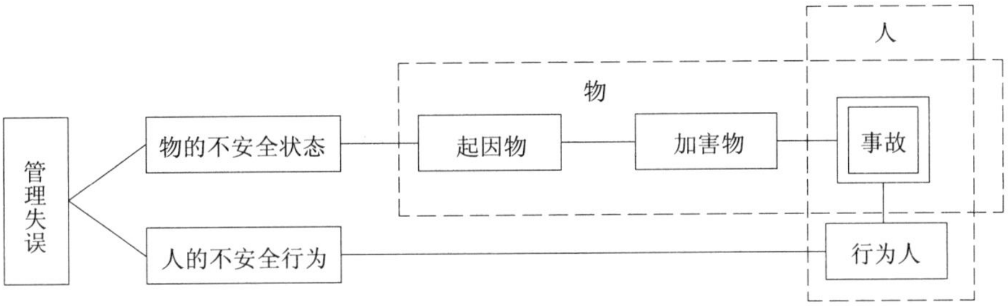

图 1-4　人与物两系列形成事故的系统

实践证明，消除生产作业中物的不安全因素，可以大幅度地减少伤亡事故的发生。例如，在美国铁路列车安装自动连接器之前，每年都有数百名铁路工人死于车辆连接作业事故，铁路部门的负责人把事故的责任归咎于工人的失误。后来，根据政府法令的要求，在所有铁路车辆上都安装了自动连接器，车辆连接作业中发生的事故大大减少。

4．管理失误论

管理失误论侧重于研究管理上的责任，强调管理失误是构成事故的主要原因。

该理论认为，事故之所以发生，是因为客观上存在生产过程中的不安全因素；此外还有众多的社会因素和环境条件。

事故的直接原因是人的不安全行为和物的不安全状态。但是，造成“人失误”和“物故障”的原因却常常是管理上的缺陷。后者虽是间接原因，但它既是背景因素，又常是发生事故的本质原因。

人的不安全行为可以促成物的不安全状态，而物的不安全状态又会在客观上造成人之所以有不安全行为的环境条件（图 1-5）。

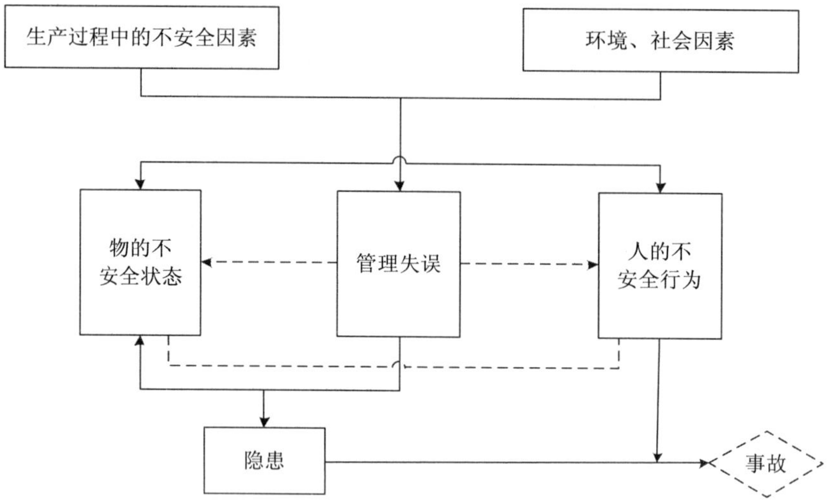

图 1-5 管理失误论事故致因模型

隐患来自物的不安全状态，即危险源，且与管理上的缺陷或管理者的失误耦合才能形成；如果管理得当，及时控制，变不安全状态为安全状态，则不会形成隐患。客观上一旦出现物的不安全状态，主观上又有人的不安全行为，事故就会立即显现。

5. 变化观点的事故因果连锁论

约翰逊把变化作为事故的基本原因。由于人们不能适应变化而发生失误，进而导致人的不安全行为或物的不安全状态。他认为事故的发生是由于管理者的计划错误或操作者的行为失误，没有适应生产过程中物的因素或人的因素的变化，破坏了对能量的屏蔽或控制，在生产过程中造成危险，中断或影响生产进行，甚至造成人员伤亡或财产损失。图 1-6 为约翰逊建立的事故因果连锁模型。

在系统安全研究中，人们注重作为事故原因的人失误（human error）和物故障（fault）。按照变化的观点，人失误和物故障都与变化有关。例如，新设备经过长时间的运转，即时间的变化，逐渐磨损而发生故障；正常运转的设备由于运转条件突然变化而发生故障等。

在安全管理工作中，变化被看作是一种潜在的事故原因，应该被尽早地发现并采取相应的措施。作为安全管理人员，应该注意下述的一些变化。

（1）企业外的变化及企业内的变化

企业外的社会环境，特别是国家政治、经济方针、政策的变化，对企业内部的经营管理及人员思想有巨大影响。针对企业外部的变化，企业必须采取恰当的措施适应这些变化。

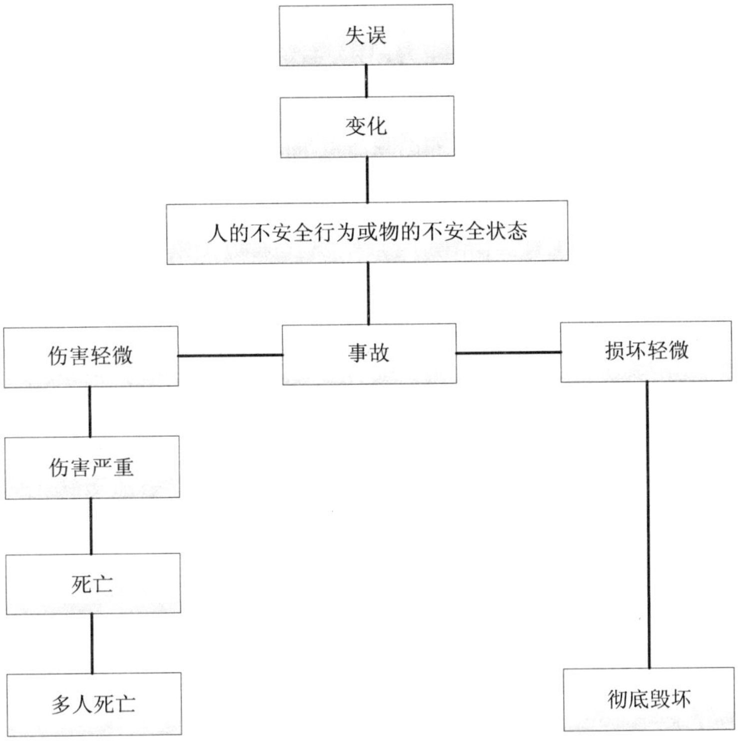

图 1-6　约翰逊事故因果连锁模型

（2）宏观的变化和微观的变化

宏观的变化是指企业总体的变化，如管理者的更换、新职工录用、人员调整、生产状况的变化等。微观的变化是指一些具体事物的变化。通过微观的变化，安全管理人员应发现其背后隐藏的问题，及时采取恰当的对策。

（3）计划内的变化与计划外的变化

对于计划内的变化，应事先进行危害分析并采取安全措施；对于计划外的变化，首先是发现变化，然后根据发现的变化采取改善措施。

（4）实际的变化和潜在的或可能出现的变化

通过观测和检查可以发现实际的变化。发现潜在的或可能出现的变化则要经过分析研究。

（5）时间的变化

随着时间的流逝，设备性能逐渐低下或劣化，并与其他方面的变化相互作用。

（6）技术上的变化

采用新工艺、新技术或开始新的工程项目时，由于人们的不熟悉而发生失误。

（7）人员的变化

人员的各方面变化影响人的工作能力，引起操作失误及不安全行为。

（8）劳动组织的变化

劳动组织方面的变化，如工作的不衔接，进而导致不安全行为。

应该注意，并非所有的变化都是有害的，关键在于人们是否能够适应客观情况的变化。此外，在安全管理工作中也经常利用某些变化来防止发生人的失误。例如，按规定用不同颜色的管路输送不同的气体，把操作手柄、按钮做成不同形状以防止混淆等。

应用变化的观点进行事故分析时，可通过下列因素的现在状态与以前状态的差异来发现变化：①对象物、防护装置、能量等；②人员；③任务、目标、程序等；④工作条件、环境、时间安排等；⑤管理工作、监督检查等。

例如，某化工装置事故发生经过如下：变化前（装置安全地运转了多年）→变化 1（旧装置被一套更新型的装置取代）→变化 2（拆下的旧装置被解体）→变化 3（新装置因故未能按预期目标进行生产）→变化 4（对产品的需求猛增）→变化 5（将旧装置重新投入使用）→变化 6（为尽快投产，恢复必要的操作控制器）→失误［没有进行认真检查和（或）没有检查操作的准备工作］→变化 7（一些冗余的操作控制器未起作用）→变化 8（旧装置爆炸，6 人死亡）。

约翰逊认为，事故的发生往往是多重原因造成的，包含着一系列的变化，即失误连锁。例如，企业管理者的失误、计划人员的失误、监督者的失误及操作者的失误等（图 1-7、图 1-8）。

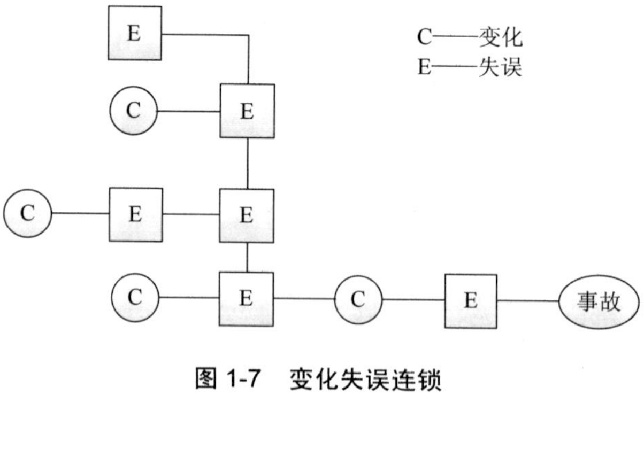

图 1-7　变化失误连锁

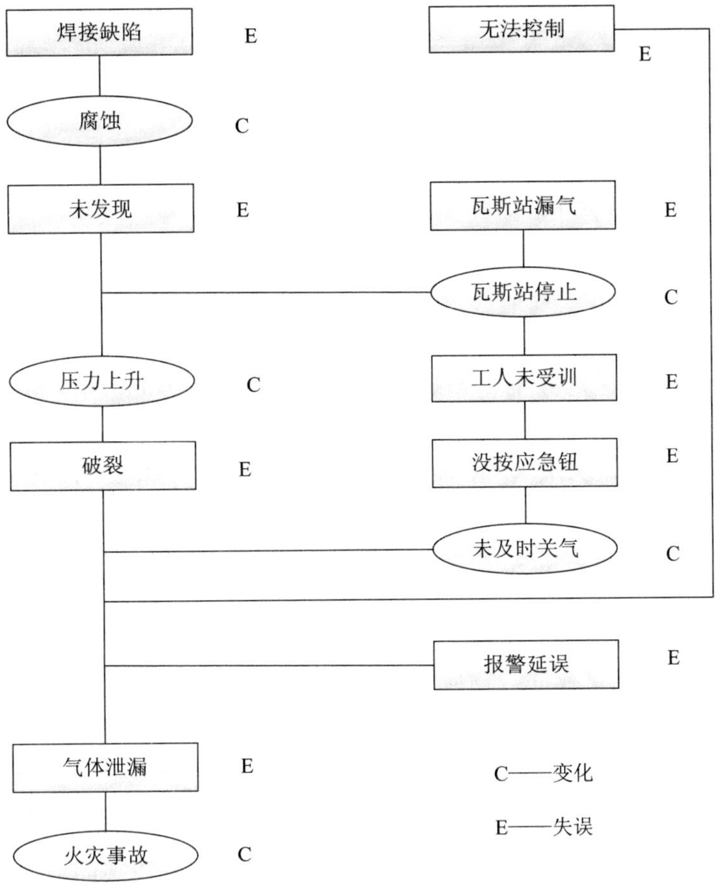

图 1-8　煤气管道破裂而失火的变化——失误分析

6．能量意外释放事故致因理论

近代工业的发展起源于蒸汽机的出现。将燃料的化学能以水为介质转变为蒸汽，将蒸汽的热能再变为机械能输送到生产现场，这就是蒸汽机动力系统的能量转换过程。电气时代是将水的势能或蒸汽的动能转换为电能，在生产现场再将电能转变为机械能进行产品的制造加工或资源开采。核电站是将核能即原子能转变为电能。总之，能量是具有做功功能的物理量，是由物质和场构成的系统的最基本的物理量。输送到生产现场的能量，依据生产的目的和手段不同，可以相互转变为各种能量形式，如势能、动能、热能、化学能、电能、原子能、辐射能、声能、生物质能等。

1961 年，吉布森提出了事故是一种不正常的或不希望的能量释放，各种形式的能量是构成伤害的直接原因。因此，应该通过控制能量或控制到达人体媒介的能量载体来预防事故。

在吉布森的研究基础上，1966 年美国运输部安全局局长哈登完善了能量意外释放理论，提出“人受伤害的原因只能是某种能量的转移”的观点，并提出了能量逆流于人体造成伤害的分类方法，将伤害分为两类：第一类伤害是由施加局部或全身性损伤阈值的能量引起的；第二类伤害是由影响局部或全身的能量交换引起的，主要指中毒窒息和冻伤。

哈登认为，在一定条件下某种形式的能量能否产生伤害（如造成人员伤亡事故）取决于能量大小、接触能量时间长短和频率以及能量的集中程度。根据能量意外释放论，可以通过各种屏蔽来防止意外的能量转移，从而防止事故的发生。

7. 两类危险源理论

事故致因因素种类繁多，且非常复杂，在事故发生发展过程中所起的作用也不相同。根据危险源在事故发生中的作用，危险源可划分为两大类。能量意外释放理论认为，能量或危险物质的意外释放是事故发生的物理本质。于是，把生产过程中存在的、可能发生意外释放的能量（能源或能量载体）或危险物质称为第一类危险源。在实际工作中往往把产生能量的能量源或拥有能量的能量载体看作第一类危险源。正常情况下，生产过程中的能量或危险物质受到约束或限制，不会发生意外释放，即不会发生事故。但是，一旦这些约束或限制能量或危险物质的措施受到破坏或失效，则将发生事故。导致能量或危险物质约束或限制措施失效的各种因素称为第二类危险源。

1995 年，陈宝智教授在对系统安全理论进行系统研究的基础上，提出了事故致因的两类危险源理论。该理论认为，一起伤亡事故的发生往往是两类危险源共同作用的结果。第一类危险源是伤亡事故发生的能量主体，是第二类危险源出现的前提，并决定事故后果的严重程度；第二类危险源是第一类危险源造成事故的必要条件，决定事故发生的可能性。两类危险源相互关联、相互依存。

两类危险源理论从系统安全的观点来考察能量或危险物质的约束或限制措施破坏的原因，认为第二类危险源包括人、物、环境三个方面，主要表现为人的失误、物的故障和环境因素。

人的失误即人的行为结果偏离了预定的标准。人的不安全行为是人失误的特例，人失误可能直接破坏第一类危险源的控制措施，造成能量或危险物质的意外释放。

物的故障可能直接破坏对能量或危险物质的约束或限制措施。有时一种物的故障还会导致另一种物的故障，最终造成能量或危险物质的意外释放。

环境因素主要指系统的运行环境，包括温度、湿度、照明、粉尘、通风、噪声等物理因素。不良的环境会引起物的故障或人的失误。

人的失误、物的故障等第二类危险源是第一类危险源失控的原因。第二类危险源出现得越频繁，发生事故的可能性越高，故第二类危险源出现的情况决定事故发生的可能性。

根据两类危险源理论，第一类危险源是一些物理实体，第二类危险源是围绕着第一类危险源而出现的一些异常现象或状态。因此危险源辨识的首要任务是辨识第一类危险源，然后围绕第一类危险源来辨识第二类危险源。两类危险源理论事故致因连锁模型见图 1-9。

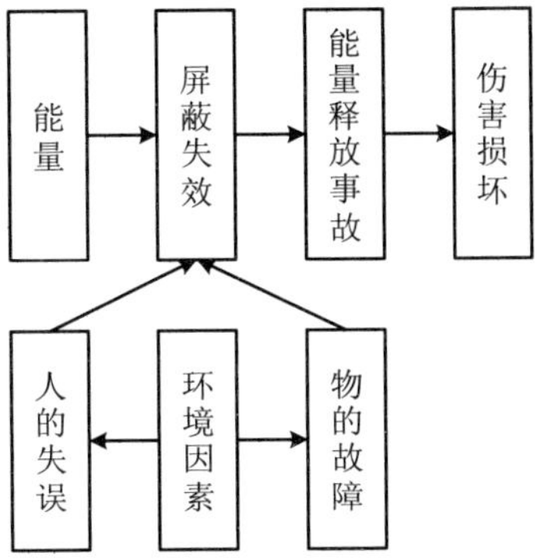

图 1-9　两类危险源理论事故致因连锁模型

三、安全生产管理原理

安全生产管理作为企业管理的主要组成部分，遵循管理的普遍规律，既符合管理的基本原理与原则，又有其特殊的原理与原则。

安全生产管理原理是指从生产管理的共性出发，对生产管理中安全工作的实质内容进行科学分析、综合、抽象与概括后所得出的安全生产管理规律。

1. 系统原理

系统原理是现代管理学的一个最基本原理。它是指人们在从事管理工作时，运用系统理论、观点和方法，对管理活动进行充分的系统分析，以达到管理的优化目标，即用系统论的观点、理论和方法来认识和处理管理中出现的问题。

所谓系统是由相互作用和相互依赖的若干部分组成的具有特定功能的有机整体。任何管理对象都可以作为一个系统。系统可以分为若干个子系统，子系统可以分为若干个要素，即系统是由要素组成的。系统具有整体性、相关性、目的性、有序性和环境适应性等特性。

此外，系统的生命过程也是有序的，它总是要经历孕育、诞生、发展、成熟、衰老、消亡的过程，这一过程表现为系统发展的有序性。因此，系统的分析、评价、管理都应考虑系统的有序性。

任何一个系统都处于一定的环境之中。一方面，系统从环境中获取必要的物质、能量和信息，经过系统的加工、处理和转化，产生新的物质、能量和信息，然后再提供给环境。另一方面，环境也会对系统产生干扰或限制，即约束条件。环境特性的变化往往能够引起系统特性的变化，系统要实现预定的目标或功能，必须能够适应外部环境的变化。研究系统时，必须重视环境对系统的影响。

安全生产管理系统是生产管理的一个子系统，包括各级安全管理人员、安全防护设备与设施、安全管理规章制度、安全生产操作规范和规程以及安全生产管理信息等。安全贯穿于生产活动的方方面面，安全生产管理是全方位、全天候且涉及全体人员的管理。

系统原理的原则主要有以下四个方面：

（1）动态相关性原则

动态相关性原则告诉我们，构成管理系统的各要素是运动和发展的，它们相互联系又相互制约。显然，如果管理系统的各要素都处于静止状态，就不会发生事故。

（2）整分合原则

高效的现代安全生产管理必须在整体规划下明确分工，在分工基础上有效综合，这就是整分合原则。该原则要求企业管理者在制定整体目标和进行宏观决策时，必须将安全生产纳入其中，在考虑资金、人员和体系时，都必须将安全生产作为一项重要内容考虑。

（3）反馈原则

反馈是控制过程中对控制机构的反作用。成功、高效的管理离不开灵活、准确、快速的反馈。企业生产的内部条件和外部环境在不断变化，所以必须及时捕获、反馈各种安全生产信息，以便及时采取行动。

（4）封闭原则

在任何一个管理系统内部，管理手段、管理过程等必须构成一个连续封闭的回路，才能形成有效的管理活动，这就是封闭原则。封闭原则告诉我们，在企业安全生产中，各管理机构之间、各种管理制度和方法之间，必须具有紧密的联系，形成相互制约的回路，才能确保安全生产管理有效。

2. 人本原理

在管理中必须把人的因素放在首位，体现以人为本的指导思想，这就是人本原理。以人为本有两层含义：一是一切管理活动都是以人为本展开的，人既是管理的主体，又是管理的客体，每个人都处在一定的管理层面上，离开人就无所谓的管理；二是在管理活动中，作为管理对象的要素，管理系统各环节都需要由人来掌管、运作、推动和实施。

人本原理的原则主要有以下三个方面：

（1）动力原则

推动管理活动的基本力量是人，管理必须有能够激发人的工作能力的动力，这就是动力原则。管理系统有 3 种动力，即物质动力、精神动力和信息动力。

（2）能级原则

现代管理认为，单位和个人都具有一定的能量，并且可以按照能量的大小排序，形成管理的能级，就像原子中电子的能级一样。在管理系统中，建立一套合理能级，根据单位和个人能量的大小安排其工作，发挥不同能级的能量，保证结构的稳定性和管理的有效性，这就是能级原则。

（3）激励原则

管理中的激励就是利用某种外部诱因的刺激，调动人的积极性和创造性。以科学的手段，激发人的内在潜力，使其充分发挥积极性、主动性和创造性，这就是激励原则。人的工作动力来源于内在动力、外部压力和工作吸引力。

3．预防原理

安全生产管理工作应该做到预防为主，通过有效的管理和技术手段，减少和防止人的不安全行为和物的不安全状态，这就是预防原理。在可能发生人身伤害、设备或设施损坏和环境破坏的场合，事先采取措施，防止事故发生。

预防原理的原则主要有以下四个方面：

（1）偶然损失原则

事故后果以及后果的严重程度都是随机的、难以预测的。反复发生的同类事故，并不一定会产生完全相同的后果，这就是事故损失的偶然性。偶然损失原则告诉我们，无论事故损失是大还是小，都必须做好预防工作。

（2）因果关系原则

事故的发生是许多因素互为因果、连续发生的最终结果，只要诱发事故的因素存在，发生事故是必然的，只是时间早晚而已，这就是因果关系原则。

（3）3E 原则

造成人的不安全行为和物的不安全状态的原因可归结为四个方面，即技术原因、教育原因、身体和态度原因及管理原因。针对这四个方面的原因，可以采取 3 种防止对策：工程技术（engineering）对策、教育（education）对策和法制（enforcement）对策，即 3E 原则。

（4）本质安全化原则

本质安全化原则是指从一开始和从本质上实现安全化，从根本上消除事故发生的可能性，从而达到预防事故发生的目的。本质安全化原则不仅可以应用于设备、设施，还可以应用于建设项目。

4．强制原理

采取强制管理的手段控制人的意愿和行为，使个人的活动、行为等受到安全生产管理要求的约束，从而实现有效的安全生产管理，这就是强制原理。

强制原理的原则主要有以下两个方面：

（1）安全第一原则

安全第一原则就是要求在进行生产和其他工作时把安全放在一切工作的首要位置。当生产和其他工作与安全发生矛盾时，要以安全为主，生产和其他工作要服从于安全。

（2）监督原则

监督原则是指在安全工作中，为了使安全生产法律法规得到落实，必须设立安全生产监督管理部门，对企业生产中的守法和执法情况进行监督。

【任务练习】

2018 年 5 月 10 日 20：00 夜班，某污水处理厂深度脱水车间三套直接压滤式污泥深度脱水设备位于中间的一套处于停机备用状态，南北两侧的另两套正常运行。当班组长路冬梅和路锦明、路培玉、周德珍 3 名工人上班，路培玉、周德珍负责运行车间北侧的设备，路冬梅和路锦明负责运行车间南侧的设备，路冬梅在包泥岗位，路锦明在下泥岗位。

5 月 11 日 6：53 分左右，南侧的设备下泥岗位由南向北行进的拆布小车上的滤布脱落，当班操作工路锦明发现后，在未按急停按钮且未确认电源是否关闭的情况下，进入拆布小车运行区域内徒手拿取滤布，在拿取滤布过程中，被由南向北行进的拆布小车缓慢推向刮泥压辊处，因躲避不及时，6：54 分左右，路锦明胸部被夹在拆布小车与刮泥压辊之间，受到机械挤压，经抢救无效后死亡。公司经济损失 110 万元。

1．请问这是一起什么事故？

2．该事故属于哪个等级？为什么？

3．请你根据事故发生的经过，利用海因里希因果连锁论来分析事故产生的原因。

4．假设你作为污水处理厂的安全管理人员，如何利用安全生产管理原理来进行管理以避免此类事故发生？

5．该公司发生这样一起致人死亡事故，根据海因里希因果连锁论，该公司在机械方面的事故发生前可能发生（ ）次未遂事件。

A. 29　　B. 30　　C. 295　　D. 不能估算

6．针对该事故的发生，请你为污水处理厂提出一些安全管理方面的改进措施。

（扫码获取参考答案）

模块 2　污水处理厂工作劳动保护

【模块导入】

污水处理厂有着独特的生产工艺、设备设施、工作环境，而危险源往往存在于此，所以，要做好安全管理工作，首先要识别出污水处理厂存在的危险源，然后根据存在的危险源做好预防及管控工作。

项目 1　污水处理厂危险源辨识与风险管控

任务 1　污水处理厂基本情况

【任务目标】

熟悉污水处理厂的典型构筑物；了解污水处理厂的主要设备及作业环境。

【知识铺垫】

一、污水处理厂典型构筑物

污水处理厂的主要处理构筑物包括格栅、沉砂池、生化池、二沉池、高效沉淀池、滤池、消毒池以及污泥浓缩池等。污水处理整个流程需要经过不同类型、不同功能、不同结构的处理工段才能保证出水水质达标。各个构筑物相互衔接、承前启后，内部构造也错综复杂（图 2-1）。

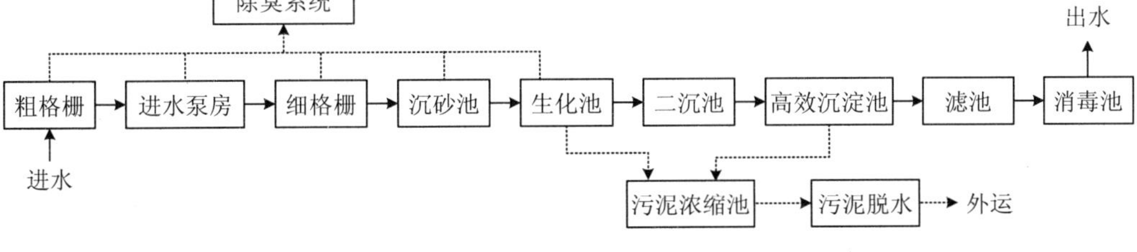

图 2-1　污水处理厂典型工艺流程示意

1. 粗格栅

粗格栅是用来去除可能堵塞水泵机组及管道阀门的较粗大悬浮物，并保证后续处理设施能正常运行。粗格栅是由一组（或多组）相互平行的金属栅条与框架组成，倾斜安装在进水的渠道或进水泵站集水井的进口处，以拦截污水中粗大的悬浮物及杂质。粗格栅的类型主要有回转式格栅、牵引式格栅。多数情况下，污水处理厂设置两道格栅。

2. 进水泵房

进水泵房是厂外管网来水及厂内生活污水的收集设施，通过泵房内的水泵机组将粗格栅处理过后的污水提升至细格栅。泵房内主要包含机器间、集水池、格栅、辅助间。机器间内设置水泵机组和有关的附属设备，进水泵房的设计根据进水管渠的埋设深度、来水流量、水泵机组的型号与台数、水文地质条件以及施工方法等因素来确定。

3. 细格栅

细格栅的组成方式与粗格栅类似，是用来进一步处理粗格栅处理后的污水，拦截小颗粒悬浮物。细格栅的栅条间隙一般为 1.5～10 mm，常用的细格栅有转鼓式机械格栅和阶梯式机械格栅等类型。

4. 沉砂池

以重力分离为基础，故应控制沉砂池的进水流速，使得密度大的无机颗粒下沉，而有机悬浮颗粒能够被水流带走。沉砂池主要有平流沉砂池、曝气沉砂池、旋流沉砂池等类型。

5. 生化处理池

生化处理技术种类众多，各技术发展较为成熟，因此适用于大型污水处理厂。生化处理过程是使废水或固体废物与微生物混合接触，利用微生物体内的生物化学作用分解废水中的有机物和某些无机物（如氰化物、硫化物等），使不稳定的有机物和无机物转化为无毒物质的一种污水处理方法。按照反应过程中有无氧气参与，生化处理可分为好氧生物处理和厌氧生物处理。

6. 二沉池

二沉池是活性污泥系统的重要组成部分，其作用主要是使污泥分离，使混合液澄清，浓缩和回流活性污泥。其工作效果能够直接影响活性污泥系统的出水水质和回流污泥浓度。二沉池的澄清能力与混合液进入池内后的絮凝情况以及二沉池的表面面积有关，而二沉池的浓缩能力除与池的面积有关，与污泥性质和泥斗容积也有一定的相关性，对于沉降性能较好的活性污泥，二沉池的泥斗容积可以适当减小。

7. 高效沉淀池

高效沉淀池设计非常紧凑，集混凝池、絮凝池、沉淀池和污泥浓缩池于一体，沉降区域利用浅池理论，安装斜板（斜管）增强沉降效果，向二沉池处理过后的污水内投加絮凝剂，对二沉池出水进一步进行泥水分离，达到降低悬浮物、强化除磷的目的。

8. 滤池

多数采用一体式的转鼓式精密过滤器，即原水从滤筒内向滤筒外开展过滤，原水里的悬浮固体均被过滤芯阻拦在滤筒内表层，当内表层附属物很多时，盘内外压力差扩大，当超过预设值时，反冲洗自动打开，使微孔筛网得到及时的清洁，使设备始终保持良好的工作状态。

9. 消毒池

消毒是利用消毒剂杀灭污水中有害的病原微生物的水处理过程。常用的消毒剂有氯、次氯酸钠、二氧化氯、臭氧等。

10. 污泥浓缩池

污泥浓缩池一般是指通过重力或者加药剂进行污泥浓缩的构筑物，主要将生化处理池、二沉池及高效沉淀池排出的含水率较高的污泥进一步沉淀，减少污泥体积。浓缩池沿高程可大致分为三个区域，即顶部澄清区、中部进泥区、底部压缩区。

11. 除臭系统

构筑物及生产车间产生的臭气经管道收集后，采用除臭技术进行处理，厂内有组织废气经收集处理达标后排放。

二、污水处理厂主要设备

1. 格栅除污机

在水处理工程中用于拦截和清除水中悬浮和漂浮固形物的机械称为格栅除污机。目前，国内生产的此类设备形式、种类繁多。格栅除污机按安装的形式可分为固定式格栅除污机和移动式格栅除污机；按格栅间隙可分为粗格栅除污机、细格栅除污机和网式格栅除污机；按格栅角度可分为弧形格栅除污机、倾斜格栅除污机和垂直格栅除污机；按齿耙的运行方式可分为回转式格栅除污机（HF）、链传动式格栅除污机（GL）等。回转式格栅除污机是没有静止栅条，由密布的齿耙随着回转式牵引链的运动将水中污物打捞出来的格栅除污机（图 2-2）。链传动式格栅除污机通过链带动的若干组齿耙插入静止的栅条，将污物与水分离（图 2-3）。链传动式格栅除污机的栅隙为相邻两个静止栅条内侧间的距离，回转式格栅除污机的栅隙为相邻两个齿耙内侧间的距离。

格栅除污机的命名采用大写汉语拼音字母和阿拉伯数字表示。例如，HF1 000 指机宽为 1 000 mm 的回转式格栅除污机。

图 2-2　回转式格栅除污机

图 2-3　链传动式格栅除污机

2. 除砂机

除砂机是利用机械的方法将从沉砂构筑物分离出来的砂粒进行清除的设备。早期常用抓斗式或链斗式除砂机，即利用链条刮板从池底集砂沟中收集沉砂，并通过抓斗将收集的沉砂装车运走。目前，新型的除砂手段是用安装在往复行走的桁车上的泵抽出池底的砂水混合物，再利用旋流式砂水分离器或水力旋流器加螺旋洗砂机将砂和水分开，完成除砂、砂水分离、装车等工序。

（1）抓斗式除砂机

抓斗式除砂机的主要部件包括行走桁架、刚性支架、挠性支架、鞍梁、抓斗启闭装置、小车行走装置、抓斗等。

（2）链斗式除砂机

链斗式除砂机实际上是一部带有多个 V 形砂斗的双链输送机，主要部件包括两根主链、V 形斗、传动链驱动装置、导轨。

（3）桁车泵吸式除砂机

该类除砂机适用于平流式沉砂池。每台除砂机安装 1 台到数台离心式砂泵用来从池底将沉积在沟底中的砂浆抽出，送到池边的砂渠，使之通过砂渠流到集砂井，或者直接将砂水混合物抽送到砂水分离器中。桁车泵吸式除砂机具有结构简单、紧凑、操作方便、成本低的优点，但砂水分离效果差，如果池底积累的大量沉砂将泵及吸口埋住，将造成砂泵无法工作，或者异物吸入泵中也会造成泵卡死。

3. 砂水分离器

除砂机从池底抽出的混合物的含水率高达 97%～99%，还混有一定量的有机污泥。这样的混合物运输、处理比较困难，因此需要将无机砂粒与水及有机污泥分开，这就是污水处理的砂水分离及洗砂工序，常用的砂水分离设备有水力旋流器、振动筛式砂水分离器和螺旋砂水分离器。

（1）水力旋流器

水力旋流器又称旋流式砂水分离器，其结构简单，上部是一个有顶盖的圆筒，下部是一个向下的锥体。入流管在圆筒上部从切线方向进入圆筒；溢流管从顶盖中心引出；锥体的下部连有排砂管。为减轻砂粒的磨损和腐蚀，水力旋流器多用耐磨铸铁制造，水力旋流器的内部一般设置一层耐腐蚀的橡胶衬里。砂水混合物一起沿切线方向进入旋流器内做回转运动，形成内外旋流，砂粒与水因为密度差异，砂粒在离心的作用下被甩向器壁后沿着器壁滑向锥底，而水经内旋流从上部排出。水力旋流器的结构及工作原理示意见图 2-4。

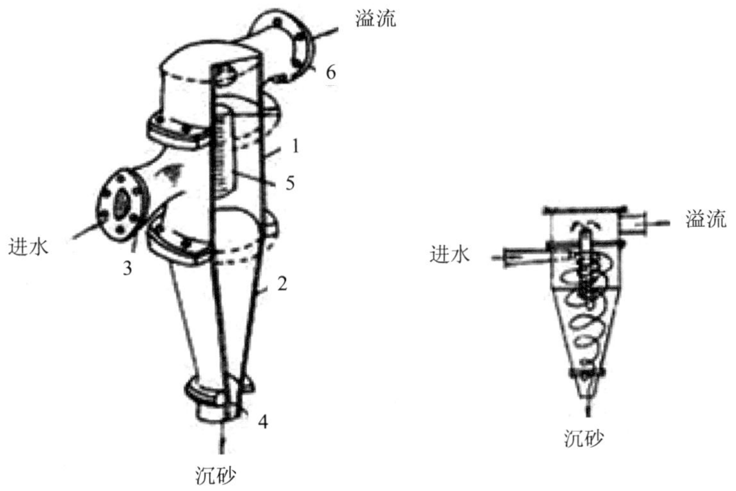

1—圆柱体壳；2—圆锥体壳；3—入流口；4—沉砂排出口；5—溢流管；6—溢流排出管口

图 2-4 水力旋流器的结构及工作原理示意

（2）螺旋砂水分离器

螺旋砂水分离器有两个作用，一是进一步完成砂水分离及砂与有机污泥的分离，二是将分离的干砂装车。螺旋砂水分离器主要由无轴螺旋、U 形槽、水箱、驱动装置等组成，其结构及外形见图 2-5。砂水混合液从分离器一端顶部输入水箱，混合液中密度较大的（如砂粒等）将沉积于槽形底部。在螺旋的推动下，砂粒沿斜置的 U 形槽底提升，离开液面后继续推移一段距离，在砂粒充分脱水后经排砂口卸至盛砂桶。而与砂分离后的水则从溢流口排出并被送往进水池。砂水分离器的沉淀装置和输砂装置为封闭式一体化结构，并具有结构紧凑、重量轻、性能可靠、维修工作量少等特点。砂水分离器分离效率可达 96%～98%，粒径大于 0.2 mm 的颗粒回收率不低于 98%；粒径大于 0.1 mm 的砂粒去除率不小于 80%。

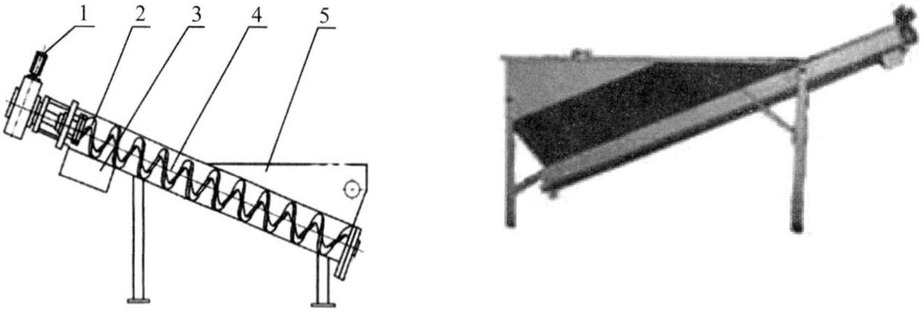

1—驱动装置；2—U 形槽；3—溢流口；4—无轴螺旋；5—水箱

图 2-5　螺旋砂水分离器的结构及外形

4．刮泥机与吸泥机

（1）刮泥机

刮泥机是将沉淀池中的污泥刮到一个集中部位的设备，多用于初沉池、二沉池和重力式污泥浓缩池。主要类型包括链条刮板式刮泥机、桁车式刮泥机和回转式刮泥机。

链条刮板式刮泥机在两根节数相等连成封闭环状的主链上，每隔一定间距装有一块刮板，工作时由驱动装置带动主动链轮转动，链条在导向链轮及导轨的支撑下缓慢转动，并带动刮板移动，刮板在池底将沉淀的污泥刮入池端的污泥斗，在水面返回的刮板则将浮渣倒入渣槽。

桁车式刮泥机安装在矩形平流式沉淀池上。在工作进程中，浸没于水中的只有刮泥板及浮渣刮板，而在返程中全机都提出水面，给维修带来很大方便。由于刮泥与刮渣都是单向运动，污泥在池底停留时间少，刮泥机的工作效率高。但是该刮泥机运动复杂，因此故障率相对较高。

回转式刮泥机适用于辐流式沉淀池和圆形污泥浓缩池（图 2-6），具有刮泥及防止污泥板结的作用，用以促进泥水分离。回转式刮泥机按桥架结构不同可分为全跨式和半跨式；按驱动方式不同可分为中心驱动式和周边驱动式；按刮泥板形式不同可分为斜板式和曲板式。

支座式单周边驱动（半跨式）刮泥机桥架一端与中心立柱上的旋转支座连接，另一端安装驱动结构和滚轮，桥架做回转运动，每转一圈刮一次泥，适用于有中心支墩的中小池径的圆形二沉池的排泥除渣。其特点是单周边驱动，结构简单，操作和维修方便。

双周边驱动刮泥机具有横跨直径的工作桥，旋转式桁架为对称的双臂式桁架，刮泥板也是对称布置的，也称全跨式刮泥机。

（a）单周边驱动刮泥机

（b）双周边驱动刮泥机

图 2-6　回转式刮泥机

（2）吸泥机

吸泥机是指将沉淀池池底的污泥吸出的设备，一般用于将二沉池吸出的活性污泥回流至曝气池。大部分的吸泥机在吸泥过程中有刮泥板辅助，因此也称吸刮泥机。

常用的吸泥机有回转式吸泥机（用于辐流二沉池）和桁车式吸泥机（用于平流二沉池）。吸泥方式有静压式（气提辅助）、虹吸式和泵吸式等。

回转式吸泥机按驱动方式分为中心驱动和周边驱动。中心驱动的回转式吸泥机其驱动机和减速机都安装在吸泥机的中心平台上。周边驱动的回转式吸泥机在桥架的一端或两端安装驱动电动机及减速机。

桁车式吸泥机包括桥架和使桥架往复行走的驱动系统，有两根或多根吸泥管，吸泥管固定在桥架上，吸泥方式有虹吸式和泵吸式两种。在沉淀池一侧或双侧装有导泥槽，将吸取的污泥引到配泥井或回流到污泥泵房及剩余污泥泵房。桁车式吸泥机行走速度一般为 0.3～1.5 m/min，速度过快会影响污泥的沉降。

5. 污泥脱水机

污泥经浓缩之后，其含水率仍在 94%以上，呈流动状，体积很大，因此还需进行污泥脱水。浓缩主要是分离污泥中的空隙水，而脱水则主要是将污泥中的吸附水和毛细水分离出来，这部分水分占污泥总含水量的 15%～25%。假设某污水处理厂有 1 000 m^3 由初沉污泥和活性污泥组成的混合污泥，其含水率为 97.5%，含固量为 2.5%，经浓缩之后，含水率一般可降为 95%，含固量增至 5%，污泥体积则降至 500 m^3。此时体积仍很大，外运处置仍很困难。如经过脱水，则可进一步减量，使含水率降至 75%，含固量增至 25%，体积则减至 100 m^3 以下，为浓缩前的 1/10，大大降低了后续污泥处置的难度。

污泥脱水分为自然干化脱水和机械脱水两大类。自然干化脱水是将污泥摊置到由级配砂石（即不同粒径配料组成的混合料）铺垫的干化场上，通过蒸发、渗透和清液溢流等方式实现脱水。这种脱水方式适于村镇小型污水处理厂的污泥处理，维护管理工作量很大，且会产生大范围的恶臭。机械脱水是利用机械设备进行污泥脱水，占地少，与自然干化相比，恶臭影响较小，但运行维护费用较高。机械脱水的种类很多，按脱水原理可分为真空过滤脱水、压滤脱水和离心脱水三大类。

（1）真空过滤脱水

真空过滤机为早期使用的连续脱水机械，有转筒式、绕绳式、转盘式三种。应用最广的是 GP 型转鼓真空过滤机。由于真空过滤脱水噪声大，产生的泥饼含水率高，占地大，而且其构造及性能本身又无较大的改进，因此 20 世纪 80 年代以来已很少采用。

（2）压滤脱水

压滤脱水与真空过滤脱水基本原理相同，只是真空过滤脱水的动力为负压，而压滤脱水的动力为正压。常用的压滤脱水机械有板框压滤机和带式压滤机两种。

板框压滤机的构造简单，推动力大，适用于各种性质的污泥，且形成的滤饼含水率低，但它只能间断运行，操作管理麻烦，滤布易坏。如图 2-7 所示，板与框相间排列，在滤板的两侧覆有滤布，板与框之间构成压滤室，在板与框的上端部位开有小孔，污泥由该通道进入压滤室，滤液在压力下通过滤布，沿沟槽与孔道排出。脱水结束后将可动端板拉开，清除滤饼。压滤脱水的过滤周期为 1.5～4 h。

图 2-7　板框压滤机

带式压滤机中，较常见的是滚压带式压滤机。其特点是可以连续生产，机械设备较简单，动力消耗少，无须设置高压泵或空压机。已被广泛用于污泥的机械脱水。滚压带式压滤机由滚压轴及滤布带组成，压力施加在滤布带上，污泥在两条压滤带之间挤轧，依靠滤布的压力或张力得到脱水。其基本流程为：污泥先经过浓缩段，依靠重力过滤脱水，浓缩时间一般为 10～30 s，目的是使污泥失去流动性能，以免在压榨时被挤出滤布带，之后进入压榨段，依靠滚压轴的压力与滤布的张力除去污泥中的水分，压榨段的停留时间为 1～5 min。

滚压的方式一般有两种，一种是相对压榨式，滚压轴上下相对，压榨的时间几乎是瞬时的，但压力大，见图 2-8（a）；另一种是水平滚压式，滚压轴上下错开，依靠滚压轴施于滤布的张力压榨污泥，因压榨的压力受张力的限制，压力较小，故所需压榨时间较长，但在滚压过程中对污泥有一种剪切力的作用，可促进污泥的脱水，见图 2-8（b）。

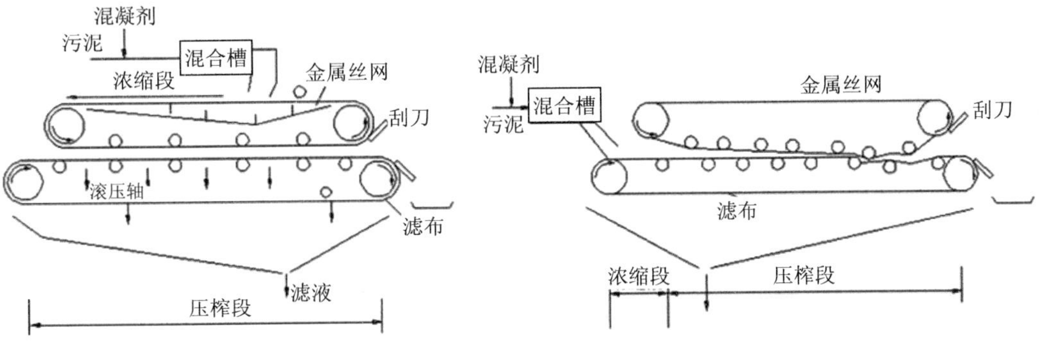

（a）相对压榨式　　（b）水平滚压式

图 2-8　滚压带式压滤机

（3）离心脱水

离心脱水是用离心机使污泥中的固、液分离。离心脱水采用的设备是离心机。污泥脱水常用中、低速转筒式离心机（转速为 1 000～3 000 r/min），离心力场可达到重力场的 1 000 倍以上。

转筒式离心脱水机的主要组成部分是转筒和螺旋输送器，如图 2-9 所示。其工作过程为：污泥通过空心轴的分配孔连续进入筒内，在转筒的带动下高速运转，并在离心力的作用下将泥水分离。螺旋输送器和转筒同向旋转，但转速有差异，即两者有相对转动，这一相对转动使得泥饼被推出排泥口，而分离液从另一端排出。

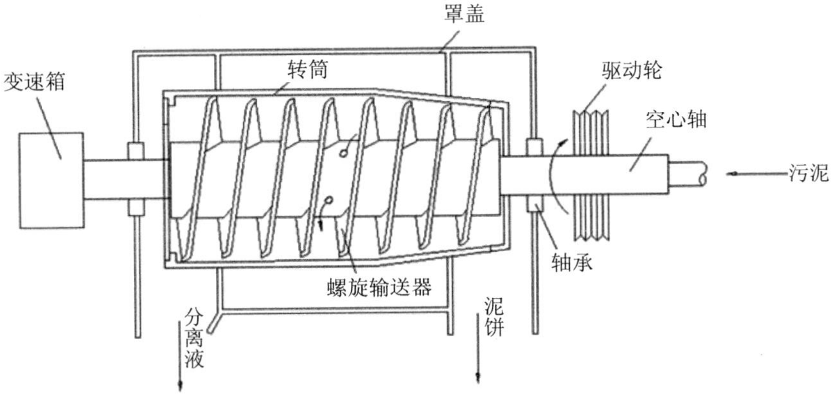

图 2-9　转筒式离心脱水机

离心脱水的优点是可以连续生产，处理量大，操作方便，可自动控制，卫生条件好，基建和占地少；缺点是对污泥的预处理要求高，必须使用高分子聚合电解质做调理剂，设备易磨损。

【任务练习】

简述污水处理厂有哪些主要构筑物？

（扫码获取参考答案）

任务 2　危险源辨识

【任务目标】

掌握危险源的概念；能正确区分不同类型的危险源；了解危险源辨识方法；了解危险源辨识常见问题。

【知识铺垫】

一、危险源概念

从广义上来说，危险源就是指危险的根源，包括危险的载体和事故隐患。从狭义上来说，危险源是指可能造成死亡、伤害、职业病、财产损失、工作环境破坏或这些情况组合的根源、状态或活动。

从危险源的定义可知，危险源分为两类：一类是根源性的危险源，另一类是状态性的危险源。第一类危险源是指生产过程中存在的、可能发生意外释放的能量，包括生产过程中各种能量源、能量载体或危险物质，如高速行驶的汽车具有较大的动能，是移动危险源；导致能量或有害物质的约束、限制措施失控、失效或破坏的各种不安全因素称为第二类危险源，主要包括人的失误、物的故障、不利环境以及管理上的缺陷，如车辆转向失控、制动失效、驾驶员操作不当等。

二、危险源辨识方法

危险源辨识就是要通过危险源的调查，找出系统中（企业生产经营场所及作业过程中）的危险源，这个查找、识别危险源的过程就是危险源辨识。通过辨识，确认系统中危险源的性质、危害程度、存在状况，能量与物质转化为事故的转化过程、规律、转化条件、触发因素等。通过对识别的危险源进行风险评价，根据其特性和风险等级，制定控制方案，落实危险源的日常管控工作。

危险源辨识的方法很多，以下分别予以介绍。

1. 按照危险和有害因素的性质进行分类辨识

《生产过程危险和有害因素分类与代码》（GB/T 13861—2009）中按照生产过程中危

险和有害因素的性质进行分类，将危险和有害因素分为人的因素、物的因素、环境因素、管理因素四大类，每一大类中又分为若干中类、小类、细类。例如，第一大类“人的因素”分为心理、生理性危险和有害因素，行为性危险和有害因素两个中类，心理、生理性危险和有害因素又分为负荷超限、健康状况异常、从事禁忌作业、心理异常、辨识功能缺陷及其他心理、生理性危险和有害因素六个小类，还可以进一步细分到 17 个细类。

该方法的优点是分类清晰、全面，按类查找，对号入座，不易遗漏；缺点是要求辨识人员具备安全专业知识、熟悉企业的全面情况，工作量较大，对危险工艺作业过程辨识针对性不强等，适用于大型生产型企业的危险源辨识。

2．按照事故类型和职业危害分类进行辨识

除前面介绍的按照危险和有害因素的性质进行危险和有害因素辨识，还可以依据《企业职工伤亡事故分类标准》（GB 6441—1986）和《职业病危害因素分类目录》（国卫疾控发〔2015〕92 号），利用事故类型和职业危害分类来进行危险源的辨识。

按照事故类型可分为物体打击、车辆伤害、机械伤害、起重伤害、触电、淹溺、灼烫、火灾、高处坠落、坍塌、冒顶片帮、透水、放炮、火药爆炸、瓦斯爆炸、锅炉爆炸、容器爆炸、其他爆炸、中毒和窒息、其他伤害 20 类；按照职业危害可分为粉尘、化学因素、物理因素、放射性因素、生物因素、其他因素等 6 类。

该方法的优点是分类方法与事故类型和职业危害分类基本一致，为广大安全工作者和职工所熟悉，简单易懂，便于实际运用，缺点是分类过于笼统，缺少全国统一的划分方法，系统性和科学性仍待进一步完善。该方法较适用于小型生产加工型企业，根据造成的伤害类型，查找事故的根本原因，确定造成伤害的起因物和致害物，进而查找出危险源。

3．按照导致事故的原因进行辨识

该方法按照事故致因理论，从分析造成事故的内因和外因入手，查找事故的根源即危险源，辨识较为全面，容易理解，便于操作，适用于各种类型的企业。

（1）查找导致事故的内因，即辨识第一类危险源

第一类危险源是指存在能量或危险物质的载体，比较容易理解，也容易识别。例如：①产生、供给能量的装置、设备、场所，如发电机、变压器、油罐等；②能量载体，如带电的导体、行驶中的车辆等；③一旦失控可能产生巨大能量的装置、设备、场所，如强烈放热反应的化工装置等；④一旦失控可能发生能量蓄积或突然释放的装置、设备、场所，如各种压力容器等；⑤危险物质，如各种有毒有害、可燃易爆物质等；⑥生产、加工、贮存危险物质的装置、设备、场所；⑦人体一旦与之接触将导致能量意外释放的物体，如带电体、高温物体等。

（2）查找导致事故的外因，即辨识第二类危险源

第二类危险源是导致约束、限制能量或危险物质的屏蔽措施失控、失效或破坏的各种不安全因素，主要有人的因素、物的因素、环境因素、管理因素 4 个大类。

人的因素。人的因素表现为人的失误，是指人的行为结果偏离了被要求的标准，即没有完成规定功能的现象。人的失误会造成能量或危险物质控制系统故障，使屏蔽破坏或失效，从而导致事故发生。人的失误主要有操作错误、忽视安全、忽视警告，造成安全装置失效，使用不安全设备，用手代替工具操作，物体存放不当，冒险进入危险场所，攀、坐不安全位置，在起吊物下作业、停留，在机器运转时加油、修理、检查、调整、焊接、清扫等，有分散注意力行为，在必须使用个人防护用品用具的作业或场合中忽视其使用，不安全装束，对易燃、易爆等危险物品处理错误等类型。

物的因素。物的因素表现为物的故障，是指机械设备、装置、元部件等由于性能低下而不能实现预定功能的现象。物的故障既可能是固有的，即由于设计、制造缺陷造成的；也可能由于维修、使用不当，或磨损、腐蚀、老化等原因造成的。可以归纳为安全防护装置——防护、保险、信号等装置缺少或有缺陷，生产设备、设施、工具、附件有缺陷，个人劳动防护用品缺少或有缺陷等 3 大类。

环境因素。人和物存在的环境，即生产作业环境中的温度、湿度、噪声、振动、照明或通风换气等方面的问题，会促使人的失误或物的故障发生。如生产作业场所照明光线不良，通风不良，作业场所狭窄，作业场地杂乱，交通线路的配置不安全，操作工序设计或配置不安全，地面滑，贮存方法不安全，环境温度、湿度不当等。

管理因素。管理因素是指管理方面存在缺陷，主要表现为安全管理不到位，这是产生事故的间接原因，同时也是根本原因。表现形式有：没有安全操作规程或不健全；劳动组织不合理；对现场工作缺乏检查或指导错误；技术和设计上有缺陷；教育培训不够，未经培训，缺乏或不懂安全操作知识；没有或不认真实施事故防范措施，对事故隐患整改不力；违反操作规程或劳动纪律等。

三、危险源辨识常见问题

1. 危险源辨识缺乏一线人员参与

一些污水处理厂设置有安全工作小组、安全员等组织机构和专职人员，其在促进安全工作的组织协调推进的同时，往往也出现越俎代庖，安全工作小组或安全员包办了包括危险源辨识等需要全体人员参与的工作，而一线作业人员由于长期从事具体业务工作，对何时何地可能存在何种危险源掌握十分清楚，他们才是危险源辨识的“源头活水”。没有一线作业人员的参与，危险源辨识就是无根之木、无源之水，无法想象其能取得好的效果。

2. 危险源辨识考虑不全面

危险源是导致事故伤害和健康损害的根源，要想把根源控制住，最重要的是在危险源辨识过程中体现一个“全”字，才有可能万无一失，否则就会“一失万无”。但一些污水处理厂危险源辨识并不全面，给后续安全工作留下了缺口，例如，只考虑日常运行和正常工作产生的危险源，没有考虑偶然出现的、非计划的或紧急的活动产生的危险源；只考虑目前可能产生的危险源，没有考虑以前产生过的危险源和以后可能会产生的危险源；只考虑组织工作场所内可能产生的危险源，没有考虑与工作场所相邻的外部可能产生的危险源以及组织对工作场所外部可能产生的危险源；只考虑在组织工作场所内属于组织管理的内部人员，没有考虑组织工作场所外的内部人员（出差人员、驾驶员等）以及来到组织工作场所的承包方、访客等其他人员。

3. 危险源辨识方法单一

危险源辨识的方法有很多，每一种方法都有其特点和目的性，也有其适用范围或局限性，只有综合运用多种方法，才能全方面、全系统、全过程地辨识危险源。但一些组织受限于安全管理专家的缺乏，其危险源辨识一般采用询问交谈、现场观察、安全检查等经验类方法，这些方法往往只能对危险源作定性的评价，不能给出定量评价结果，而定性评价与危险源辨识人员的实践经验和安全知识有很大关系，经验不同，水平不同，结果差异很大。

4. 对危险源描述不恰当

危险源辨识是为了让人员知道危险源在哪里，可能带来的危害是什么，如果不对危险源进行恰当的描述，就不能有效地进行风险控制，达不到全员保安全的目的。但一些组织的危险源描述笼统，把一类危险源识别为一个危险源（如机械作业中存在的机械伤害），未结合具体的过程、环境、人员等具体识别危险源，没有针对性；一些组织错把事件或事故当作危险源，混淆了危险源与事件或事故的定义，搞不清楚两者之间的联系和区别；还有一些组织第一类危险源与第二类危险源之间结合不紧密，分割开来孤立考虑，忽视了事件或事故的发生往往是两类危险源共同作用的结果。

5. 危险源清单更新不及时

随着时间的推移和环境的变化，危险源的数量、状态都会发生相应的变化，这就需要组织持续进行危险源辨识、动态管控，才能达到应有的效果。但一些组织在职业健康安全管理体系建立之初完成了危险源辨识后就以为万事大吉，在外部气候、作业环境等发生巨大变化时，仍使用最初的危险源清单；一些污水处理厂在项目作业之初，根据当时的形势特点建立了危险源清单，但随着作业进度的变化，危险源发生了变化，有的已不复存在，有的已不再是当时的危险源，还有的原来不是危险源，清单里没有，后来变成了危险源，但危险源清单却没有及时更新完善。危险源辨识与实际结合不紧密，出现了“两张皮”现象，一定程度上来说，相当于没有进行危险源辨识。

6. 危险源清单成为形式

组织在危险源辨识结束后，都会形成相应的危险源清单，因为这份清单是组织全体人员的智慧结晶，所以每名人员可能只对清单中的部分危险源熟悉，需要通过学习才能掌握所有危险源。但一些组织对危险源的学习、培训次数不多，危险源清单打印出来后束之高阁；宣传危险源的方法不灵活，可能存在危险源的现场平时缺乏标识，临到检查审核时才张榜公布，真正的学习少。人员不清楚危险源的分布情况，在开展工作时仍然按照固有的思维进行防护，一方面影响了安全管理体系运行的有效性，另一方面，万一危险源失控，人员将因无知而毫无防备，出现本不该出现的生产安全事故，失去了危险源辨识的根本意义。

【任务练习】

1. 简述危险源的基本概念。
2. 简述危险源辨识的方法分类。
3. 简述危险源辨识中常见的问题。

（扫码获取参考答案）

任务 3　危险源风险评价方法

【任务目标】

掌握常用的危险源风险评价方法后，根据污水处理厂的工艺情况，进行污水处理厂的危险源风险评价。

【知识铺垫】

常用的危险源风险评价方法有直接判断法、作业条件危险性评价法和安全检查表分析法。这 3 种方法可单独或交叉使用，污水处理厂可根据自己的实际情况选择适当的方法或方法组合。

一、直接判断法

直接判断法是指预测者凭借已有认知经验和综合分析能力，或依靠群众的智慧和经验进行预测，是一种传统的预测方法，又称经验判断法。存在下列任一情况时，直接判定属于安全生产一级风险：

①单元内存在危险化学品的数量等于或超过《危险化学品重大危险源辨识》（GB 18218—2018）中规定的临界量；

②不符合适用的安全环保法律、法规及有关的安全管理规定；

③受到主管部门警告等处分或处罚；

④利益相关方的强烈投诉；

⑤曾发生过事故，但一直未采取有效的防范、控制措施。

二、作业条件危险性评价法

作业条件危险性评价法（LEC）是一种简便易行的衡量人们在某种具有潜在危险环境中作业的危险性的半定量评价方法。

1．方法介绍

对于一个具有潜在危险性的作业条件，美国安全专家 Keneth J. Graham 和 Gilbert F. Kinney 认为，影响危险性的主要因素有以下 3 个：

①发生事故或危险事件的可能性；

②暴露于危险环境的频率；

③事故一旦发生可能产生的后果。

用公式来表示，则为

$$D = L \cdot E \cdot C \tag{2-1}$$

式中，D——作业条件的危险性；

L——事故或危险事件发生的可能性；

E——暴露于危险环境的频率；

C——发生事故或危险事件的可能结果。

（1）发生事故或危险事件的可能性

事故或危险事件发生的可能性与其实际发生的概率有关。若用概率表示，绝对不可能发生事故的概率为 0；而必然发生事故的概率为 1。但在考察一个系统的危险性时，绝对不可能发生事故是不确切的，即概率为 0 的情况不确切。所以，将实际上不可能发生的情况作为“打分”的参考点，定其分数值为 0.1。

此外，在实际生产条件中，事故或危险事件发生的可能性范围非常广泛，因此，将完全意外、极少可能发生的情况的分值规定为 1；完全会被预料到将来会发生的事故分值规定为 10。在这两者之间再根据可能性的大小相应地确定几个中间值，如将不经常，但可能的分值定为 3，相当可能发生的分值规定为 6。同样，在 0.1 与 1 之间也可插入与某种可能性对应的分值。事故或危险事件发生可能性分值见表 2-1。

表 2-1　事故或危险事件发生可能性分值

分值	事故或危险事件发生可能性	分值	事故或危险事件发生可能性
10	完全会被预料到	0.5	可以设想，但高度不可能
6	相当可能	0.2	极不可能
3	不经常，但可能	0.1	实际上不可能
1	完全意外，极少可能		

（2）暴露于危险环境的频率

作业人员暴露于危险作业条件的次数越多、时间越长，受到伤害的可能性也就越大。为此，Keneth J. Graham 和 Gilbert F. Kinney 规定了连续暴露于潜在危险环境的频率分值为 10，一年仅出现几次非常稀少的暴露频率分值为 1。以 10 和 1 为参考点，再在其区间根据在潜在危险作业条件中的暴露情况进行划分，并对应地确定其分值。例如，每月暴露一次的分值定为 2，每周一次或偶然暴露的分值定为 3。完全不暴露的分值应为 0，但这种情况实际上是不存在的，因此无须列出。关于暴露于潜在危险环境的分值见表 2-2。

表 2-2　暴露于潜在危险环境的分值

分值	暴露于潜在危险环境的情况	分值	暴露于潜在危险环境的情况
10	连续暴露于潜在危险环境	2	每月暴露一次
6	逐日在工作时间内暴露	1	每年几次暴露于潜在危险环境
3	每周一次或偶然暴露	0.5	非常罕见的暴露

（3）发生事故或危险事件的可能结果

事故或危险事故的人身伤害或物质损失可在很大范围内变化，以工伤事故为例，可以从轻微伤害到许多人死亡，其范围非常宽广。因此，Keneth J. Graham 和 Gilbert F. Kinney 把需要救护的轻微伤害的可能结果分值规定为 1，以此为一个基准点；而将造成许多人死亡的可能结果分值规定为 100，作为另一个参考点。在两个参考点之间，插入相应的中间值，见表 2-3。

表 2-3　发生事故或危险事件可能结果的分值

分值	可能结果	分值	可能结果
100	大灾难，许多人死亡	7	严重，严重伤害
40	灾难，数人死亡	3	重大，致残
15	非常严重，1 人死亡	1	引人注目，需要救护

确定了上述 3 个具有潜在危险性的作业条件的分值，并按式（2-1）进行计算，即可得到危险性分值。因此，要确定其危险性程度时，应按下述标准进行评定。

由经验可知，危险性分值在 20 以下的环境属低危险性，一般可以被人们接受，这样的危险性比骑自行车通过拥挤的马路去上班等日常活动的危险性还要低。当危险性分值为 20～70 时，则需要加以注意；危险性分值为 70～160 时，则有显著危险，需要采取措施进行整改；同样，根据经验，危险性分值为 160～320 时的作业条件属于高度危险的作业条件，必须立即采取措施进行整改；危险性分值在 320 以上时，则表示该作业条件极其危险，应该立即停止作业，详见表 2-4。

表 2-4　危险性分值

分值	危险程度	分值	危险程度
＞320	极其危险，不能继续作业	20～70	可能危险，需要注意
160～320	高度危险，需要立即整改	＜20	低危险，或许可以接受
70～160	显著危险，需要整改		

2. 方法特点及适用范围

作业条件危险性评价法用于评价人们在某种具有潜在危险的作业环境中进行作业的危险程度。该法简单易行，危险程度的级别划分比较清楚。但是，由于它主要是根据经验来确定 3 个因素的分数值及划定危险程度等级，因此具有一定的局限性，而且它是一种作业的局部评价，故不能普遍适用。此外，在具体应用时，还可根据自己的经验、具体情况对该评价方法做适当修正。

3. 应用举例

某污水处理厂危险源辨识与评估示例如表 2-5 所示。

表 2-5　某污水处理厂危险源辨识与评估示例

序号	活动/过程/场所	危险源	可能导致的事故类别	现有的管控措施	风险评价			
					L	E	C	D
1	粗格栅	井下及垃圾中产生的有毒气体	中毒和窒息	护栏、通风	0.5	6	1	3
2	粗格栅检修作业	护栏及楼梯损坏	高处坠落	操作规程、制度管理	1	1	7	7
3	粗格栅运行过程	设备运转	机械伤害	操作规程、制度管理	1	6	7	42
4	皮带输送机运行过程	皮带传动	机械伤害	操作规程、制度管理	1	6	7	42
5	提升泵房	井下产生的有毒气体	中毒和窒息	操作规程、制度管理、除臭系统	0.5	1	7	3.5
6	提升泵房检查维修作业	泵坑较深	高处坠落	盖板、制度管理	1	1	7	7
7	细格栅廊道	盖板腐蚀损坏	跌落摔伤	定期维护盖板	1	6	3	18
8	细格栅运行过程	机械传动	机械伤害	操作规程、制度管理	0.5	6	7	21
9	曝气沉砂池清理浮渣	产生有毒气体	中毒和窒息	个人防护、通风	3	1	7	21
10	曝气沉砂池走道	钢格板腐蚀断裂	跌落摔伤	定期维护盖板	1	6	7	42

序号	活动/过程/场所	危险源	可能导致的事故类别	现有的管控措施	风险评价			
					L	*E*	*C*	*D*
11	鼓风机运行过程	设备操作	机械伤害	个人防护、操作规程、制度管理	0.5	6	7	21
12	鼓风机运行过程	鼓风机和管道高温	灼烫	个人防护、操作规程、制度管理	1	6	3	18
13	沉淀池维修和巡视作业	池内侧无安全护栏	跌落	定期维护盖板、个人防护	1	6	7	42
14	沉淀池进水口	钢格板腐蚀断裂	跌落摔伤	定期维护盖板、制度管理	0.2	6	3	3.6
15	各类检查井井盖	破裂或维修后未及时恢复	跌落	定期维护井盖、个人防护、操作规程、制度管理	1	2	7	14
16	各类检查井检查和维修	产生有毒气体	中毒和窒息	操作规程、制度管理	1	2	7	14
17	脱泥机房机械设备	机械传动	机械伤害	个人防护、操作规程、制度管理	1	6	7	42
18	絮凝剂加药间	有机絮凝剂、粉尘	中毒及环境污染	通风、保持卫生清洁、制度管理	1	6	3	18
19	聚合硫酸铁加药间	酸性气体	中毒及环境污染	通风、操作规程、制度管理	1	6	3	18
20	高低压变配电房检查维修	未按章作业	触电	操作规程、制度管理	1	1	40	40
21	高低压变配电房	电气短路、线路老化、过热	触电、火灾	定期维护	0.2	3	40	24
22	厂区电气设施	电气短路、线路老化、过热	触电、火灾	定期维护	1	6	7	42
23	厂区电气设施检查维修	未按章作业	触电	操作规程、制度管理	0.5	3	15	22.5
24	厂区电气设施	防雷设施损坏	触电	定期维护	3	1	7	21
25	起重机起吊物品	高空坠物	起重伤害	操作规程、制度管理	1	3	7	21
26	起重机起吊物品	钢绳断裂	起重伤害	定期维护	1	3	7	21
27	起重机起吊物品	挂钩碰头	起重伤害	操作规程、制度管理	1	3	7	21
28	起重机运行过程	电缆脱落、崩断	短路、触电	定期维护	1	3	7	21
29	道路及建筑设施地面	地面积水	滑倒摔伤	操作规程、制度管理	1	6	7	42
30	厂区沟坎及地面	走路跌倒	人员摔伤	操作规程、制度管理	0.5	1	3	1.5
31	机修车间维修作业	动火作业火灾	火灾、灼烫	操作规程、制度管理	1	1	7	7

序号	活动/过程/场所	危险源	可能导致的事故类别	现有的管控措施	风险评价			
					L	*E*	*C*	*D*
32	机修车间维修作业	手持工具操作	机械伤害	操作规程、制度管理	1	1	7	7
33	气瓶使用和置放	未按章操作	设施损坏及人员伤害	操作规程、制度管理	0.5	1	7	3.5
34	库房	火灾	设施损坏及人员伤害	操作规程、制度管理	1	1	7	7
35	化验室实验操作过程	药品泄漏	设施损坏及人员伤害	操作规程、制度管理	1	6	7	42
36	化验室实验操作过程	高温	人员伤害	操作规程、制度管理	1	6	7	42
37	化验室实验操作过程	火灾	设施损坏及人员伤害	操作规程、制度管理	0.5	6	7	21
38	厨房	燃气泄漏	设施损坏及人员伤害	操作规程、制度管理	1	6	7	42
39	厨房	地板油腻	滑倒摔伤	操作规程、制度管理	1	6	7	42
40	厨房	地板有水	滑倒摔伤	操作规程、制度管理	1	6	7	42
41	厨房	食物变质、餐具未消毒	食物中毒	操作规程、制度管理	0.2	6	3	3.6
42	厨房	火灾	设施损坏及人员伤害	操作规程、制度管理	0.5	6	7	21
43	厨房	油烟温度过高	人员伤害	操作规程、制度管理	0.5	6	3	9
44	绿化喷洒农药	未戴防护用具和逆风喷洒	中毒	操作规程、制度管理	1	1	7	7
45	驾驶机动车辆行驶	疲劳驾驶	车辆损坏及人员伤害	操作规程、制度管理	1	1	40	40
46	机动车辆行驶	交通事故	车辆损坏及人员伤害	操作规程、制度管理	1	1	40	40
47	综合楼	电气线路短路或老化	火灾	操作规程、制度管理	1	6	7	42
48	机械及电气维修作业	未按章操作	设施损坏及人员伤害	操作规程、制度管理	3	1	15	45
49	井下作业	有毒气体	中毒和窒息	操作规程、制度管理	1	1	40	40
50	井下作业	电气线路损伤	触电、火灾	操作规程、制度管理	1	1	40	40
51	吸烟	存放易燃物品场所吸烟	火灾	厂区全面戒烟、操作规程、制度管理	1	6	7	42
52	臭氧操作间	臭氧运行操作	触电	操作规程、制度管理	1	2	15	30
53	臭氧操作间	管道腐蚀泄漏臭氧、氧气	中毒和窒息	定期维护设备	1	6	7	42

序号	活动/过程/场所	危险源	可能导致的事故类别	现有的管控措施	风险评价			
					L	*E*	*C*	*D*
54	液氧站	液氧操作	容器爆炸	定期维护设备、操作规程、制度管理	0.5	6	7	21
55	液氧站	液氧泄漏低温	其他伤害	个人防护、操作规程、制度管理	1	6	7	42
56	臭氧发生间	臭氧运行操作	触电	操作规程、制度管理	1	6	7	42
57	臭氧发生间	管道腐蚀泄漏臭氧、氧气	中毒和窒息	操作规程、制度管理	0.5	6	7	21
58	臭氧接触池	放空或者低液位运行臭氧	其他爆炸	操作规程、制度管理	0.5	6	7	21

三、安全检查表分析法

安全检查表分析法（safety checklist analysis，SCA）是事先将要检查的项目编制成表，用以检查装置、储运、操作、管理和组织措施等各方面的不安全因素，以评价系统安全状态的方法。

安全检查表分析法是一种最通用的定性安全评价方法，可适用于各类系统的设计、验收、运行、管理阶段以及事故调查过程，应用十分广泛。

安全检查表分析法具有以下主要特点：检查表的编制系统全面，可全面查找危险、有害因素，避免了传统安全检查中易遗漏、疏忽的弊端；检查表中体现了法规、标准的要求，使检查工作法规化、规范化；针对不同的检查对象和检查目的，可编制不同的检查表，应用灵活广泛；检查表简明易懂，易于掌握，检查人员按表逐项检查，操作方便适用，能弥补其知识和经验不足的缺陷；编制安全检查表的工作量及难度较大，检查表的质量受制于编制者的知识水平及经验积累。

安全检查表分析法主要包括四个操作步骤：①收集评价对象的有关数据资料；②选择或编制安全检查表；③现场检查评价；④编写评价结果分析。以下主要介绍前两个步骤。

1．收集评价对象的有关数据资料

①有关标准、规程、规范及规定；

②同类企业的安全管理经验及国内外事故案例；

③通过系统安全分析已确定的危险部位及其防范措施；

④装置的有关技术资料等。

2．选择或编制安全检查表

世界各国都较为重视安全检查表分析法，有关人员按照国家有关法律法规、标准、规范的要求，根据系统或经验分析的结果，把评价项目及环境的危险集中起来，编制了若干指导性或强制性的安全检查表。例如，日本劳动省的安全检查表，美国杜邦公司的过程危险检查表、危险化学品经营单位安全评价现场检查表、加油站安全检查表、液化石油气充装站安全评价现场检查表、光气及光气化产品生产装置安全检查表等。

安全管理人员须熟知国家及地方的安全评价法规、标准中的各类安全检查表，根据评价对象正确选择适宜的安全检查表。当无适宜安全检查表可选用时，安全评价人员应根据评价对象正确选择评价单元，依据法规、标准的要求编制安全检查表。

（1）原则

编制安全检查表是安全检查表分析法的重点和难点，编制时应注意以下原则：

①检查表的项目内容应繁简适当、重点突出、有启发性；

②检查表的项目内容应针对不同评价对象有侧重点，尽量避免重复；

③检查表的项目内容应有明确的定义，可操作性强；

④检查表的项目内容应包括可能导致事故的一切不安全因素，确保能及时发现和消除各种安全隐患。

（2）评价单元的选择

安全检查表的评价单元确定是按照评价对象的特征进行选择的，如编制生产企业的安全生产条件安全检查表时，评价单元可分为安全管理单元、厂址与平面布置单元、生产储存场所建筑单元、生产储存工艺技术与装备单元、电气与配电设施单元、防火防爆防雷防静电单元、公用工程与安全卫生单元、消防设施单元、安全操作与检修作业单元、事故预防与救援处理单元、危险物品安全管理单元等。

（3）类型

为使安全检查表分析法的评价能给出系统安全程度的量化结果，有关人员开发了许多行之有效的评价计值方法。根据评价计值方法的不同，常见的安全检查表有否决型检查表、半定量检查表和定性检查表三种类型。

1）否决型检查表

否决型检查表是给定一些特别重要的检查项目作为否决项，只要这些检查项目不符合，则将该系统总体安全状况视为不合格，检查结果就为“不合格”。这种检查表的特点是重点突出。

2）半定量检查表

半定量检查表是给每个检查项目设定分值，检查结果以总分表示，根据分值划分评价等级。这种检查表的特点是可以对检查对象进行比较，但对检查项目准确赋值比较困难。

3）定性检查表

定性检查表是罗列检查项目并逐项检查，检查结果以“是”“否”或“不适用”表示，检查结果不能量化，仅给出与法律、法规、标准、规范中具体条款是否一致的结论。其编制相对简单，通常作为企业安全综合性评价或定量评价以外的补充性评价。

（4）现场检查评价

根据安全检查表所列项目，在现场逐项进行检查，对检查到的事实情况如实记录和评定。

（5）编写评价结果分析

根据检查的记录及评定，按照安全检查表的评价计值方法，对评价对象给予安全程度评级。定性的分析结果随不同分析对象而变化，但需给出与标准或规范是否一致的结论。此外，安全检查表分析通常应提出一系列的提高安全性的可能途径供管理者参考。

（6）安全检查表分析法应用举例

利用安全检查表分析法对某污水处理运营项目进行危险源的识别并检查，具体如表2-6所示。

表2-6　安全检查表（运营项目）

工程名称：________　　检查人：________　　检查时间：________

检查内容	检查标准	问题描述	备注
1. 现场文明施工	(1)作业区不得作为生活区，厂区现场不得有外部人员随意进出。 (2)现场应配备消毒、灭蚊、降暑急救药品等，现场清洁卫生。 (3)设备间物品摆放整齐规整，有通风装置且正常使用，空气流通，无气味浑浊、难闻、致人不舒服的情况。 (4)生活区实行用电设施统一管理，无易燃、易爆、剧毒、放射源等危险物存放，无乱接电线的情况。 (5)标识标志应完整、清晰、明显，标液和试剂有腐蚀性提醒标识（标识按红黄蓝绿从左到右排列）。 (6)夜间作业场所设置照明		
2. 消防设施	(1)现场放置灭火器（筒体无明显锈蚀、凹陷变形、裂纹、火烧痕迹，压力指针在绿色或黄色区域，干粉填充时间不超过一年，进行绑固或置于托架上）。 (2)消防通道不得堵塞占用，安全疏散通道、安全出口应保证通畅		
3. 安全防护用品佩戴	(1)作业人员应戴好安全帽并系紧帽绳，扣牢安全带并挂在稳固位置，应穿绝缘鞋，严禁用一般绳索或皮带替代安全带。 (2)药品试剂投放、气体检测等操作人员应佩戴隔离防护装备（防止腐蚀吸入等损伤）		
4. 配电箱	电箱内无杂物，有门、有锁，有防雨措施，配件齐全完好且与设备间距不大于3 m		

检查内容	检查标准	问题描述	备注
5. 临电作业	（1）临电操作应由持证（电工证、电焊证）人员进行，配备相应防触电设施（绝缘鞋、测电笔等）。 （2）临电箱应有安全防护（设围栏、有门、有锁、有防雨措施）。 （3）用电配件完好、配电电缆线应采用穿管、绝缘子、木盒等进行绑扎保护		
6. 电器工具使用	电器工具应保证橡皮线无破损、裸露，插头无破裂，接线板插座完好（室外不得使用无防雨水的普通排插）；露天冒雨不得从事电焊作业		
7. 照明灯具	室内灯具安装高度应大于 2.4 m，低于 2.4 m 时应使用安全电压 36V 以下供电		
8. 作业现场围护	作业点设连续防护围栏，防止非作业人员进入作业场地，作业人员应穿戴工作服，边通车边施工路段应有专人指挥交通		
9. 运营生产管理	（1）机械、设备材料码放整齐成型，安全可靠，不得影响交通及人身安全；设备之间及采样平台地面应该平整，无积水、油污、垃圾等杂物，房间内物品摆放整齐、平稳，门窗及玻璃无破损，防护栏、设备间外排水保持畅通。 （2）设备无“跑冒滴漏”，防护罩无损坏。 （3）设备间现场应悬挂危险源辨识表、安全操作规程、职业卫生健康告知牌。 （4）现场应配置有日常巡查和检修表，并及时认真填写记录		
10. 坑洞、临边、攀爬防护	坑洞（通道口、楼梯口、预留洞口、电梯井口）应设立明显安全警示标志，必要时用坚固的盖板盖好或搭设临时便桥，夜间有灯光警示，临边（检修作业平台、阳台周边、屋面周边、楼梯侧边、框架结构楼层周边以及基坑周边）防护栏杆、安全网及防坠落措施齐全；楼梯或攀爬处不应有断裂痕迹，如存在混凝土脱离、露筋、倾斜或不牢固，应有加固措施		
11. 梯、凳使用	应确保其能安全使用，放置角度正确，上头扎牢，下端防滑，并有人员看护		
12. 铁件加工、使用切割机	禁止在易燃易爆的物体及材料附近动火，火星喷射方向应远离电气设备，切割机加放防护板，放置灭火器		
13. 气瓶摆放及使用	气瓶应有专门的托架进行放置存放（不可平放、暴晒），各气瓶有标准色标区分，气瓶配有安全阀门、防震帽和防震圈		
14. 高处施工作业	（1）高处作业施工［2 m 以上（包括）有可能坠落的高处作业均属高空作业］应有固定落脚地。 （2）高处平台有临边防护，有专人在地面看护，且处于施工半径 3 m 之外。 （3）严禁人员之间相互扔抛工具及材料。 （4）严禁作业人员坐在高处无遮挡的地方休息		

检查内容	检查标准	问题描述	备注
15. 现场设备材料搬运、卸货作业	搬运设备时，禁止作业人员坐、立在设备前后方向及设备上；禁止将器械直接从车上推下，卸货区 3 m 内不得有无关人员，应有专人在旁指挥，看护		
16. 动火、登高、带电、盲板抽堵、密闭空间、吊装等危险作业	（1）项目负责人带班和安排专人监护，作业时配有应急救援物资。 （2）起吊物品时应避开电力线、变压器及其他杆线，应安排人员在安全范围外指挥，应在吊装施工外围用警示带进行围栏，严禁有人在吊臂下停留、走动		
17. 检修作业	修理机械电气设备时，必须挂停电、检修警示牌，设专人监护		
18. 传送带、履带的卷动设备运行	（1）应有专人监控，所有人员与机械保持安全距离，设置断电开关。 （2）设备防护罩是否齐全、可靠，防止身体和衣物卷入		
19. 药剂存放	现场使用药品药剂不得露天放置，应避免暴晒变质失效、下方应有防潮设置		
20. 危险化学品的管理	涉及危险化学品或危险物品的器具设备，应有围栏防护，避免无关人员靠近，有遗漏危险的应该有相应的导流或应急池等设施		

注：无此项检查内容请在备注栏勾选（√），问题未描述视为检查内容安全合格。

【任务练习】

1. 危险源风险评价的常用方法有哪些？

2. 作业条件危险性评价法的影响因素有哪些？如何进行评价？

（扫码获取参考答案）

任务 4　污水处理厂事故风险管理

【任务目标】

了解污水处理厂生产安全事故发生的主要原因；掌握污水处理厂危险源管控措施。

【知识铺垫】

一、污水处理厂常见安全事故分析

在污水处理行业安全事故中，中毒窒息事故、污水淹溺事故和高空坠落事故位列前三，此外，较为多发的事故还有触电、火灾、机械伤害、坍塌、爆炸等。污水处理行业事故较多发生在设备运行操作及维保过程中。还有一种情况不容忽视，即在事故处理过程中，在安全防护措施不足、对现场状况了解不完全的情况下，工作人员贸然救助被困同伴，最后遭遇了同样的危险。

2011—2020 年全国污水处理设施运行中发生的安全事故调查结果见表 2-7。

表 2-7 2011—2020 年全国污水处理设施运行中发生的安全事故调查结果

序号	污水处理厂	风险时间	风险原因	具体情况	造成的后果
1	山东某化工园区污水处理厂	2011 年	设备（维保）	工人维修保养设备时发生意外	1 人受伤
2	江苏某化工工业园区污水处理厂	2011 年	物品（危险化学品）	化工厂氢气使用时爆炸	6 人死亡
3	山西某污水处理厂	2013 年	设备（维保）	线路维修时电缆沟、电缆夹发生火灾	2 人死亡
4	广东某能源重化工园区污水处理厂	2013 年	人员（内部）	内部人员在污水井内发生意外	6 名内部工作人员死亡
5	湖北某化工工业园污水处理厂	2013 年	人员（第三方人员）	一名外委工人对进水井闸门进行检修	1 人死亡
6	河北某污水处理厂	2013 年	物品（危险化学品）	罐装车内 10 t 工业醋酸泄漏	1 名司机轻微受伤
7	山东某化工园区污水处理厂	2014 年	物品（有毒气体）	硫化氢泄漏	2 人中毒死亡
8	江西某化工园区污水处理厂	2014 年	物品（危险化学品）	氢气使用时爆炸	10 人死亡
9	江苏某化工园区污水处理厂	2014 年	物品（危险化学品）	醋酸罐使用时爆炸	1 人死亡
10	青海某化工园区综合废水处理厂	2014 年	人员（第三方）	物业人员跌入污水地沟池	1 人死亡
12	山西某化工园区污水处理厂	2016 年	物品（有毒气体）	硫化氢储存时泄漏	4 人死亡
13	辽宁某化工园区污水处理厂	2017 年	设备（维保）	生化池放空阀维修时出现渗水故障	4 人死亡，2 人受伤
14	湖北某乡镇污水处理厂	2017 年	环境（雷电）	雷电引起火灾	2 人死亡
15	河北某皮革有限公司污水处理厂	2017 年	设备（维保）	工人维修曝气池电机过程中发生意外	4 人死亡
16	北京某应急污水处理站	2017 年	人员（内部、第三方）	1 名工人在污泥池中违章操作，中毒窒息，2 名第三方人员施救不当	3 人死亡
17	广东某一体化污水处理设施	2018 年	人员（内部）	维修设备时工人掉入污泥消化池发生溺水	2 人死亡
18	河北某工业园区污水处理厂	2018 年	设备（维保）	工人在维修生化池放空阀过程中发生意外	3 人死亡
19	河北某公司污水处理车间	2019 年	人员（内部）	工人不慎坠入污水处理池	3 人死亡
20	山西某公司二级泵站	2019 年	人员（内部）	工人进行泵体解体清污检修时中毒窒息	4 人死亡

序号	污水处理厂	风险时间	风险原因	具体情况	造成的后果
21	内蒙古某滤洁污水处理厂	2019年	设备（维保） 物品（有毒气体）	1名工作人员在集水池检修脱泥设备时吸入有毒气体，中毒跌入池内，3名现场工作人员对其进行救援时相继跌入池内	4人死亡
22	陕西某污水处理厂	2019年	设备（维保） 物品（有毒气体）	工作人员在调节池进行作业时先后在池中晕倒	1人死亡， 3人受伤
23	海南某公司污水处理厂	2020年	物品（危险化学品）	用于污泥干燥实验项目的污泥储蓄罐突然爆炸	3人死亡， 2人轻微伤
24	广东某污水处理厂	2020年	设备（维保）	一名工人在管道维修过程中不幸发生淹溺	1人死亡
25	陕西某污水处理站	2020年	物品（危险化学品）	在絮凝混合池内中毒窒息	6人死亡

综合分析国内发生的污水处理厂风险事故案例可知，污水处理厂风险发生的原因主要集中在以下几个方面：

1．设备方面

由于污水处理厂内设备故障或维修养护不及时等造成风险事故。据统计，设备方面原因有以下几类：

①由于设备故障造成的风险，如电气设备跳闸停电造成污水处理不达标；生产阀门不能完全关闭，造成污水外泄，引发生产事故。

②特种设备操作管理不当引发事故，如行车等未按规定年检，使用时出现问题造成人员受伤。

③设备维修保养不及时，影响设备使用，减少设备寿命，造成安全隐患。

④设备安装调试不规范导致发生事故。

⑤设备达到使用年限后未报废，继续使用而带来的安全风险。

⑥设备安装位置不当，未发挥自有功能而引发的事故。

2．人员方面

因为内部人员不按操作规程操作、第三方服务人员管理不规范，人员安全意识淡薄而造成的风险事故。人员主要有内部人员和第三方人员两大类。

内部人员风险指厂内部分员工知识过于单一，综合素质有所欠缺，面对复杂问题无法解决，从而产生安全风险；部分员工安全意识薄弱，不能严格执行安全风险管理制度，不严格按操作规程执行；部分员工参与安全风险管理的主动性不高，发现安全隐患不主动上报；特种设备取证人数有限，由于生产需要，污水处理厂内特种设备存在无证操作的风险，如叉车、行车、压力容器等。

第三方人员风险指第三方人员安全意识和整体素质偏低，导致违规操作。由于第三方人员不受污水处理厂直接管理，不会严格遵守污水处理厂安全风险管理制度，且在作业过程中，不穿戴或者不规范穿戴安全防护用品。此外，第三方人员存在无证上岗的现象，且年龄普遍偏大，大部分为临时工。

3. 物品方面

污水处理设施内的物品大多是危险化学品，这些化学品易燃、易爆、易泄漏，有的还会释放有毒有害气体，稍有不慎就会造成生产安全事故。

污水处理厂内物品因素风险主要有三类：第一类是危险化学品，包括润滑油、醋酸、次氯酸钠等；第二类是有毒试剂；第三类是污水处理厂运行过程中产生的有毒气体，包含硫化氢、一氧化碳、氰化氢等。这三类物质具有毒害、腐蚀、爆炸、燃烧、助燃等性质，对人体、设施、环境具有危害，产生的风险往往都比较严重，如危险化学品大面积泄漏可造成环境严重污染，危险化学品爆炸会造成人员伤亡、财产和生命损失；有毒试剂和有毒气体会造成人员中毒、窒息等。

4. 环境方面

由自然环境（如地震、雷电、沙尘暴、滑坡等）带来的风险事故。自然环境因素是不可抗力，无法预料，因此要提前做好风险识别和风险评估。

二、污水处理厂危险源管控措施

污水处理厂生产活动场所固定，安全隐患的种类也比较固定。通过对现有可能造成危害的场所、相关活动或生产过程采取防范措施，加以控制，可以保障人、物和环境处于安全状态。

1. 针对人的不安全行为采取的防范措施

不安全行为是人表现出来的，是与人的心理特征相违背的，是非正常行为。人在生产活动中，曾引起或可能引起事故的行为，必然是不安全行为。为此针对操作错误、违规操作、使用不安全设备、不使用防护用具等不安全行为采取以下防范措施：

①严格执行安全规章制度和安全技术操作规程；

②正确佩戴合格防护用品；

③定期进行安全教育培训，增强安全意识；

④特殊操作工种需持证上岗。

2. 针对物的不安全状态采取的防范措施

针对设备本身存在缺陷、设备缺少必要的防护装置、物件放置不当、防护用品用具的缺陷、作业环境的缺陷等不安全状态应采取以下措施：

①定期检查和维护设备，使其处于正常状态；

②设备、设施设置防护装置，并设立安全警示标志；

③物件堆放严格按照安全操作规程和现场管理要求执行，做到物件堆放标准化；

④采购符合规范要求的电器设施；

⑤配备合适的防护用品，并制定防护用品使用规定；

⑥照明、通风、道路、机械噪声等影响作业环境的因素按国家标准要求设计施工。

3．针对环境因素采取的防范措施

针对产生的废弃物、废液、恶臭、粉尘等环境因素应采取以下措施：

①废弃物、废液集中处理回收；

②打磨、切割过程中做好粉尘防控措施；

③产生恶臭气体的单元池做好除臭措施；

④提高员工环保意识，做好防护措施。

污水处理厂除保证污水达标排放，还需要重视安全生产的管理。而危险源是导致事故的根源，那么一切安全管理工作都要围绕危险源来进行。做好危险源辨识，制定针对性的、有效的管控措施，将事故隐患控制在可控范围内，是污水处理厂安全管理的核心。此外，污水处理厂还要建立健全并全面落实各项安全生产管理制度，开展切实有效的安全预防工作，落实安全管理相关资源的配备，才能确保污水处理厂的平稳和安全运行。

【任务练习】

1．污水处理过程中存在哪些危险有害因素？

2．污水处理厂风险发生原因主要体现在哪些方面？

3．污水处理厂危险源管控措施有哪些？

（扫码获取参考答案）

任务5　职业病危害因素

【任务目标】

了解职业危害因素种类；熟悉常见的职业病危害因素及其导致的职业病；能够对污水处理厂进行职业危害因素识别。

【知识铺垫】

一、职业病危害与常见职业病

1．职业病危害因素

在生产过程、劳动过程、作业环境中存在的危害从业人员健康的因素，称为职业病危害因素。

（1）粉尘及尘肺病

生产性粉尘是指在生产过程中形成，并能长时间悬浮在空气中的固体微粒。生产性粉尘主要来源于固体物质的机械加工、蒸气冷凝、物质的不完全燃烧等。

粉尘引起的职业危害有全身中毒性、局部刺激性、变态反应性、致癌性、尘肺。其中以尘肺的危害最为严重。尘肺是目前我国工业生产中最严重的职业危害之一。2013 年，卫生部、劳动和社会保障部公布的《职业病分类和目录》中列出的法定尘肺有 13 种，即矽肺、煤工尘肺、石墨尘肺、炭黑尘肺、石棉肺、滑石尘肺、水泥尘肺、云母尘肺、陶工尘肺、铝尘肺、电焊工尘肺、铸工尘肺、其他尘肺。

（2）生产性毒物及职业中毒

生产过程中生产或使用的有毒物质称为生产性毒物。生产性毒物在生产过程中，可以在原料、辅助材料、夹杂物、半成品、成品、废气、废液及废渣中存在，其形态包括固体、液体、气体，如氯、溴、氨、一氧化碳、甲烷等气体，电焊时产生的电焊烟尘、水银蒸气、苯蒸气，还有悬浮于空气中的粉尘、烟和雾等。

生产性毒物可引起职业中毒。职业中毒按发病过程可分为 3 种病型：

①急性中毒。毒物一次或短时间内大量进入人体所致。多数由生产事故或违反操作规程所引起。

②慢性中毒。毒物长期、小量进入人体所致。绝大多数是由毒物的蓄积作用引起的。

③亚急性中毒。亚急性中毒介于急性中毒和慢性中毒之间，是在较短时间内有较大量毒物进入人体所产生的中毒现象。

除上述 3 种病型外，还有一种是处于带毒状态，如接触生产性毒物，虽无中毒症状和体征，但在尿中或其他排泄物中所含的毒物量（或代谢产物）超过正常值上限，或驱毒试验（如驱铅、驱汞）呈阳性，这种状态称为带毒状态或毒物吸收状态，如铅吸收。

此外，某些生产性毒物可致人体突变、致癌、致畸，引起机体遗传物质的变异，对女工月经、妊娠、授乳等生殖功能产生不良影响，不仅对妇女本身有害，而且累及下一代。

（3）物理性职业危害因素及所致职业病

作业场所存在的物理职业危害因素包括气象条件（气温、气湿、气流、气压）、噪声、振动、电磁辐射等。分类如下：

1）噪声及噪声聋

由于机器转动、气体排放、工件撞击与摩擦等所产生的噪声，称为生产性噪声或工业噪声。噪声可分为 3 类，即空气动力噪声、机械性噪声、电磁性噪声。

生产性噪声对人体的危害首先是对听觉器官的损害，我国已将噪声聋列为职业病。噪声还可对神经系统、心血管系统及全身其他器官功能造成不同程度的危害。

2）振动及振动病

生产设备、工具产生的振动称为生产性振动。产生振动的设备有锻造机、冲压机、压缩机、振动筛、鼓风机、振动传送带和打夯机等。产生振动的工具主要有锤打工具（如凿岩机、空气锤等）、手持转动工具（如电钻和风钻等）、固定轮转工具（如砂轮机等）。

振动病分为全身振动和局部振动两种。局部振动病为法定职业病。

3）电磁辐射及所致的职业病

a. 非电离辐射

①射频辐射。一般来说，射频辐射对人体的影响不会导致组织器官的器质性损伤，但会引起功能性改变，并具有可逆性特征。在停止接触数周或数月后往往可恢复，但在大强度长期辐射作用下，对心血管系统的征候持续时间较长，并有进行性倾向。微波作业对健康的影响是出现中枢神经系统和植物神经系统功能紊乱，以及心血管系统的变化。

②红外线。红外线引起的职业性白内障已列入职业病名单。

③紫外线。强烈的紫外线辐射作用可引起皮炎，表现为弥漫性红斑，有时可出现小水泡和水肿，并有发痒、烧灼感。皮肤对紫外线的感受性存在明显的个体差异。除机体本身因素外，外界因素的影响会使敏感性增加。例如，皮肤接触沥青后经紫外线照射，能产生严重的光感性皮炎，并伴有头痛、恶心、体温升高等症状，长期受紫外线作用，可发生湿疹、毛囊炎、皮肤萎缩、色素沉着，长期受波长 340～280 mm 紫外线作用可发生皮肤癌。作业场所比较多见的是紫外线对眼睛的损伤，即电光性眼炎。

④激光。激光对人体的危害主要是它的热效应和光化学效应。激光对健康的影响主要是对眼部的影响和对皮肤造成损伤。被机体吸收的激光能量转变成热能，在极短时间内（几毫秒）使机体组织局部温度迅速升高。机体组织内的水分受热时骤然气化，局部压力剧增，从而使细胞和组织受冲击波作用，发生机械性损伤。

眼部受激光照射后，可突然出现眩光感，视力模糊，或眼前出现固定黑影，甚至视觉丧失。

b. 电离辐射

电离辐射引起的职业病包括：全身性放射性疾病，如急、慢性放射病；局部放射性疾病，如急、慢性放射性皮炎及放射性白内障；放射所致远期损伤，如白血病。其中列为国家法定职业病的有急性外照射放射病、亚急性外照射放射病、慢性外照射放射病、外照射皮肤疾病、内照射放射病、放射性肿瘤、放射性骨损伤、放射性甲状腺疾病、放射性性腺疾病、放射复合伤和其他放射性损伤共 11 种。

4）异常气象条件及有关职业病

异常气象条件指高温作业、高温强热辐射、高温高湿；其他异常气象条件指低温作业、低气压作业等。

异常气象条件引起的职业病列入国家职业病目录的有以下 3 种：中暑、减压病（急性减压病主要发生在潜水作业后）、高原病（发生于高原低氧环境下的一种特发性疾病）。

（4）职业性致癌因素和职业癌

与职业有关的能引起肿瘤的因素称为职业性致癌因素。由职业性致癌因素所致的癌症，称为职业癌。引起职业癌的物质称为职业性致癌物。

职业性致癌物可分为 3 类：

①确认致癌物。如炼焦油、芳香胺、石棉、铬、芥子气、氯甲甲醚、氯乙烯和放射性物质等。

②可疑致癌物。如镉、铜、铁和亚硝胺等，但尚未经流行病学调查证实。

③潜在致癌物。这类物质在动物实验中已获阳性结果，有致癌性，如钴、锌、铅。

我国已将石棉、联苯胺、苯、氯甲醚、砷、氯乙烯、焦炉逸散物、铬酸盐等 8 种职业性致癌物所致的癌症列入职业病名单。

（5）生物因素所致职业病

我国将炭疽、森林脑炎、布氏杆菌病列为法定职业病。

（6）其他列入职业病目录的职业性疾病

职业性皮肤病（接触性皮炎、光敏性皮炎、电光性皮炎、黑变病、痤疮、溃疡、化学性皮肤灼伤、其他职业性皮肤病）、化学性眼部灼伤、铬鼻病、牙酸蚀症、金属烟尘热、职业性哮喘、职业性变态反应性肺泡炎、棉尘病、煤矿井下工人滑囊炎等均列入职业病目录。

2．与职业有关的疾病

与职业有关的疾病主要是指在职业人群中，由多种因素引起的疾病，它的发生与职业因素有关，但又不是唯一的发病因素，非职业因素也可引起发病，是未列入职业病目录的一些与职业因素有关的疾病，如搬运工、铸造工、长途汽车司机、炉前工及电焊工等因不良工作姿势所致的腰背痛；长期固定姿势，长期低头，长期伏案工作所致的颈肩痛；长期吸入刺激性气体、粉尘而引起的慢性支气管炎等。

视觉显示终端（VDT）的职业危害问题：由于微机的大量使用，VDT 操作人员的职业危害问题是关注的重点。长时间操作 VDT，可出现“VDT 综合征”，主要表现为神经衰弱综合征、肩颈腕综合征和眼睛视力方面的改变等。

其他与职业有关的疾病：如一些单调作业引起的疲劳、精神抑制等；因夜班作业导致的失眠、消化不良等轮班劳动不适应综合征；还有些脑力劳动，精神压力大、紧张可引起心血管系统的改变等；某些工作的压力大或责任重大所引起的心理压力增加也会对人体带来影响变化。

3．女工的职业卫生问题

妇女由于生理特点，在职业性危害因素的影响下，其生殖器官和生殖功能易受到影响，且可以通过妊娠、哺乳而影响胎儿、婴儿的健康和发育，关系到未来的人口素质。在一般体力劳动过程中，存在强制体位（如长时间立姿、坐姿）和重体力劳动的负重作业两方面问题。我国目前规定，成年妇女禁忌参加连续负重，禁忌每次负重质量超过 20 kg、间断负重每次质量超过 25 kg 的作业。许多生产性毒物、物理性因素以及劳动生理因素可对女工健康造成危害，常见的有铅、汞、锰、锡、苯、甲苯、二甲苯、二硫化碳、氯丁二烯、苯乙烯、己内酰胺、汽油、氯仿、二甲基甲酰胺、三硝基甲苯、强烈噪声、全身振动、电离辐射、低温及重体力劳动等，这些均可引起月经变化或影响生殖健康。

二、导致职业病发生的条件

职业病的发生除与生产过程和作业环境有关，还受个体特性差异的影响。在同一职业危害的作业环境中，由于个体特征的差异，各人所受的影响可能有所不同。这些个体特征包括性别、年龄、健康状态和营养状况等。人体受到环境中直接或间接有害因素危害时，不一定都会发生职业病。职业病的发病过程，还取决于下列 3 个主要条件。

1．有害因素本身的性质

有害因素的理化性质和作用部位与是否导致职业病密切相关。如电磁辐射透入组织的深度和危害性，主要取决于其波长。生产性毒物的理化性质及其对组织的亲和性与毒性作用有直接关系，例如，汽油和二硫化碳具有明显的脂溶性，对神经组织有密切的亲和作用，因此首先损害神经系统。一般物理因素常在接触时有作用，脱离接触后体内不存在残留；而化学因素在脱离接触后，作用还会持续一段时间，特别是一些蓄积性毒物。

2．有害因素作用于人体的量

物理和化学因素对人的危害与进入人体的量有关。作用剂量是确诊的重要参考。一般作用剂量（D）是接触浓度/强度（C）与接触时间（t）的乘积，可表达为 $D=C\times t$。我国现行的《工作场所有害因素职业接触限值　第 1 部分：化学有害因素》（GBZ 2.1—2019），提供了某些化学物质在工作场所空气中的最高限值，是防止有害因素进入人体的重要依据。

3．劳动者个体易感性

健康的肌体对有害因素的防御能力是多方面的。与某些物理因素停止接触后，被扰乱的生理功能会逐步恢复，但对于抵抗力和身体健康状况较差的人员，由于其解毒和排毒功能下降，更易受到损害。经常患有某些疾病的工人接触有毒物质后，可能使原有疾病加剧，进而引发职业病。对工人进行就业前和定期体检，目的就是及时发现其对生产中有害因素的职业禁忌征，以便更合适地安排工作，保护工人健康。早期诊断、早期给予相应处理或治疗，对于预防职业病意义重大。

三、职业危害因素识别

污水污泥处理过程会产生恶臭气体，这些恶臭气体大致包括：鱼腥臭[胺类 CH_3NH_2、$(CH_3)_3N$]、氨臭[氨 NH_3]、腐肉臭[二元胺类 $NH_2(CH_2)_4NH_2$]、腐蛋臭（硫化氢 H_2S）、腐甘蓝臭[有机硫化物$(CH_3)_2S$]、粪臭（中基吲哚 $C_8H_5NHCH_3$）等。其中以 H_2S 和 NH_3 的危害为主，另外使用电机、风机、泵可产生噪声危害，污水中还存在多种细菌、真菌、病毒等微生物。

【任务练习】

1．职业性危害因素主要来源于哪里？

2．导致职业病发生的因素有哪些？

3．污水污泥处理过程中会产生哪些恶臭气体？

（扫码获取参考答案）

项目 2　污水处理厂安全管理要求

任务 1　安全生产管理机构

【任务目标】

了解污水处理企业安全生产管理机构的设置要求；掌握污水处理厂安全人员的配备要求；能根据安全法律法规合理设置安全生产管理机构，并配备安全管理人员。

【知识铺垫】

根据《中华人民共和国安全生产法》的规定，生产经营单位的主要负责人对本单位的安全生产工作全面负责。为进一步做好安全工作，要设置安全生产管理机构并配备安全管理人员。《中华人民共和国安全生产法》规定，除矿山、金属冶炼、建筑施工、运输单位和危险物品的生产、经营、储存、装卸单位外的其他生产经营单位，从业人员超过 100 人的，应当设置安全生产管理机构或者配备专职安全生产管理人员，从业人员在 100 人以下的，应当配备专职或者兼职的安全生产管理人员。污水处理厂不属于高危行业，从业人员一般也在 100 人以下，所以一般只要求配备专职或者兼职的安全生产管理人员。

一、污水处理厂安全生产管理机构设置

为做好安全生产管理工作，污水处理厂通常都会设置专门的安全生产管理机构，一般是成立污水处理厂安全管理领导小组并成立专门的安全管理部。

污水处理厂成立相应的安全生产管理组织后便应明确相关人员的职责，根据《中华人民共和国安全生产法》的要求，负责人为安全第一责任人，所以负责人一般都是污水处理厂安全领导小组的组长，副组长一般由副厂长或安全主管担任，安全领导小组的办公室设置在安全部门。

二、污水处理厂主要负责人安全生产职责

污水处理厂的主要负责人对本单位安全生产工作负有下列职责：

①建立、健全并落实本单位全员安全生产责任制，加强安全生产标准化建设；

②组织制定并实施本单位安全生产规章制度和操作规程；

③组织制定并实施本单位安全生产教育和培训计划；

④保证本单位安全生产投入的有效实施；

⑤组织建立并落实安全风险分级管控和隐患排查治理双重预防工作机制，督促、检查本单位的安全生产工作，及时消除生产安全事故隐患；

⑥组织制定并实施本单位的生产安全事故应急救援预案；

⑦及时、如实报告生产安全事故。

污水处理厂安全生产管理人员履行下列职责：

①组织或者参与拟订本单位安全生产规章制度、操作规程和生产安全事故应急救援预案；

②组织或者参与本单位安全生产教育和培训，如实记录安全生产教育和培训情况；

③组织开展危险源辨识和评估，督促落实本单位重大危险源的安全管理措施；

④组织或者参与本单位应急救援演练；

⑤检查本单位的安全生产状况，及时排查生产安全事故隐患，提出改进安全生产管理的建议；

⑥制止和纠正违章指挥、强令冒险作业、违反操作规程的行为；

⑦督促落实本单位安全生产整改措施。

【任务练习】

请根据《安全生产法》的要求，画出某污水处理厂的安全生产管理组织机构图，并列出污水处理厂主要负责人及安全生产管理人员的职责。

（扫码获取参考答案）

任务 2　安全教育制度

【任务目标】

了解污水处理厂安全教育的对象；掌握对不同类型人员需要进行安全教育的内容；

熟悉安全教育的形式；根据所学内容能制订培训计划表。

【知识铺垫】

开展安全教育既是国家法律法规的要求，也是生产经营单位安全管理的需要。中华人民共和国成立以来，我国颁布了多项法律、法规，明确提出要加强安全教育。开展安全教育，是生产经营单位发展经济、适应人员结构变化，使安全生产向广度和深度发展的需要，也是搞好安全管理的基础性工作、掌握各种安全知识，避免职业危害的主要途径。

用安全技术手段消除或控制事故是解决安全问题的最佳选择。但在生产经营过程中，常因隐患不为人知或受科技水平、经济实力的制约，无法采取有效的技术措施进行预防或纠正；即使人们对已知的不安全因素已经采取了较好的技术措施进行预防和控制，但人的行为会受到不同程度的制约，会因某种因素干扰而失误，导致技术措施没有或不能充分发挥作用。而安全教育制度的实施，则是通过对从业人员的安全教育和培训，逐渐提高他们的综合安全素质，使其具备辨识危险因素的知识，掌握预防、控制、纠正危险的技能；即使其在面对新环境、新条件时，仍有一定的保证安全的能力和手段，从根本上达到消除和控制事故的目的。

如果安全教育培训不到位，职工对党和国家的安全生产方针、政策、法规、制度和劳动纪律不了解，就可能导致安全意识淡薄，无法积极配合和主动参与安全工作；对安全生产技术知识、各种设备设施的工作原理和安全防范措施等没有学懂弄通，对本岗位的安全操作规程、安全防护方法、安全生产特点等一知半解，自然不能真正按规章制度操作，也就无法应对日常操作中遇到的各种安全问题，以致无法预防和控制事故。因此，生产经营单位必须建立健全安全教育制度，确保安全教育的有效实施。

一、安全教育的内容

安全教育的内容可概括为三个方面，即安全思想教育、安全知识教育和安全技能教育。

1. 安全思想教育

安全思想教育包括安全意识教育、安全生产方针政策教育和法纪教育。

（1）安全意识教育

安全意识是人们在长期生产、生活等各项活动中逐渐形成的。安全意识教育主要是通过学校教育、媒体宣传、政策引导、活动实践等形式，提高人的安全意识和素质，使人们学会从安全的角度观察和理解所从事的活动和面临的形势，用安全的观点解释和处理自己遇到的新问题，积极配合、主动参与安全工作，共同营造一个安全、和谐的环境。

（2）安全生产方针政策教育

安全生产方针政策教育是指对生产经营单位的各级领导和广大职工进行的党和国家

有关安全生产的方针、政策的宣传教育。我国提出的“安全第一，预防为主，综合治理”这一安全生产方针，是结合我国的具体情况制定的、与生产发展相适应的安全生产先进经验的总结。只有安全生产的方针、政策被各级领导和工人群众理解和掌握，并得到贯彻执行，安全生产才有保证。只有充分认识、深刻理解其含义，才能在实践中处理好安全与生产的关系。特别是安全与生产发生矛盾时，要首先解决好安全问题，切实把安全工作提高到关系全局稳定的高度来认识，把安全视作头等大事，从而提高安全生产的责任感与自觉性。

（3）法纪教育

法纪教育主要包括安全法规、安全规章制度、劳动纪律等。通过法纪教育，使人们懂得安全法规和安全规章制度是实践经验的总结，它们反映安全生产的客观规律，从而自觉地遵纪守法，安全生产就有了基本保证。同时，通过法纪教育还要使人们懂得，遵纪守法是劳动者的责任和义务，也是国家法律对劳动者的基本要求。加强劳动纪律教育，不仅是提高生产经营单位管理水平、合理组织劳动、提高劳动生产率的重要保证，也是减少或避免伤亡事故和职业危害，保证安全生产的必要前提。在生产经营过程中，因职工违反操作规程，不遵守劳动纪律而导致的安全事故屡见不鲜。

2．安全知识教育

安全知识教育包括安全管理知识教育和安全技术知识教育。通过安全知识教育，从业人员可以了解生产操作过程中潜在的危险因素及防范措施等，即解决“知”的问题。

（1）安全管理知识教育

安全管理知识教育包括安全管理组织结构、管理体制、基本安全管理方法及安全心理学、安全人机工程学、系统安全工程等方面的知识。通过对这些知识的学习，可使各级领导和职工真正从理论到实践认清事故是可以预防的；避免事故发生的管理措施和技术措施要符合人的生理和心理特点；安全管理是科学的管理，是科学性与艺术性的高度结合等主要概念。

（2）安全技术知识教育

安全技术知识教育的内容主要包括一般生产技术知识、一般安全技术知识和专业安全技术知识。

1）一般生产技术知识

主要包括：生产经营单位的基本生产概况，生产技术过程，作业方式或工艺流程，与生产过程和作业方法相适应的各种机器设备的性能和有关知识，工人在生产中积累的生产操作技能和经验及产品的构造、性能、质量和规格等。

2）一般安全技术知识

一般安全技术知识是生产经营单位所有职工都必须具备的安全技术知识。主要包括：

生产经营单位内危险设备所在的区域及其安全防护的基本知识和注意事项，有关电气设备（动力及照明）的基本安全知识，起重机械和厂内运输的有关安全知识，生产中使用的有毒有害原材料或可能散发的有毒有害物质的安全防护基本知识，生产经营单位中一般消防制度和规划，个人防护用品的正确使用以及伤亡事故报告方法等。

3）专业安全技术知识

专业安全技术知识是指某一作业的职工必须具备的安全技术知识。专业安全技术知识比较专门和深入，包括安全技术知识、工业卫生技术知识以及根据这些技术知识和经验制定的各种安全操作技术规程等。其内容涉及锅炉、压力容器、起重机械、电气、焊接、防爆、防尘、防毒和噪声控制等。

3. 安全技能教育

仅有安全技术知识，并不等于能够安全地从事操作，还必须把安全技术变成进行安全操作的本领，才能取得预期的安全效果。要实现从“知道”到“会做”的过程，就要借助于安全技能教育。通过安全技能教育培训，可使从业人员掌握和提高熟练程度，即解决“会”的问题。

安全技能有正常作业的安全技能和异常情况的处理技能，包括安全操作技能、防护技能、避险技能、救护技能及应急技能等。安全技能教育培训应按照标准化作业要求来进行。故进行安全技能教育培训前，应先制定作业标准或异常情况时的处理标准，然后有计划、有步骤地进行培训。

在安全教育中，只有将上述三个方面有机结合起来，即在思想上有了强烈的安全要求，又具备了必要的安全技术知识，掌握了熟练的安全操作技能，才能预防和控制事故和伤害的发生，取得较好的安全效果。

二、安全教育对象和形式

1. 对管理人员的安全教育

生产经营单位管理人员，特别是上层管理人员对单位的影响是重大的，他们既是生产经营单位的计划者、经营者，又是决策者。其管理水平的高低，安全意识的强弱，对国家安全生产方针政策理解的深浅，对安全生产的重视与否，对安全知识掌握的多少，直接决定了生产经营单位的安全状态。因此，加强对管理人员的安全教育是十分必要的。

煤矿、非煤矿山、危险化学品、烟花爆竹等生产经营单位主要负责人和安全生产管理人员安全资格培训，必须由安全生产监管监察部门认定的具备相应资质的安全培训机构按照国家安全生产监管监察总局统一制定的安全培训大纲及考核标准实施培训和考核，经安全资格培训考核合格者，由安全生产监管监察部门发给安全资格证书。初次安全资格培训时间不得少于 48 学时；每年再培训时间不得少于 16 学时。其他生产经营单位主要负责人和安全生产管理人员的安全培训必须经安全生产监管监察部门认定的具备相应资质的培训机构依照安全生产监管监察部门制定的安全培训大纲实施培训合格后，方由培训机构发给相应的培训合格证书。初次安全培训时间不得少于32学时，每年再培训时间不得少于12学时。

（1）生产经营单位主要负责人安全培训应当包括下列内容：

①国家安全生产方针、政策和有关安全生产的法律、法规、规章及标准；

②安全生产管理基本知识、安全生产技术、安全生产专业知识；

③重大危险源管理、重大事故防范、应急管理和救援组织以及事故调查处理的有关规定；

④职业危害及其预防措施；

⑤国内外先进的安全生产管理经验；

⑥典型事故和应急救援案例分析；

⑦其他需要培训的内容。

（2）生产经营单位安全生产管理人员安全培训应当包括下列内容：

①国家安全生产方针、政策和有关安全生产的法律、法规、规章及标准；

②安全生产管理、安全生产技术、职业卫生等知识；

③伤亡事故统计、报告及职业危害的调查处理方法；

④应急管理、应急预案编制以及应急处置的内容和要求；

⑤国内外先进的安全生产管理经验；

⑥典型事故和应急救援案例分析；

⑦其他需要培训的内容。

2. 对其他从业人员的安全教育

（1）生产岗位职工的日常安全教育

煤矿、非煤矿山、危险化学品、烟花爆竹等生产经营单位新上岗的从业人员安全培训时间不得少于72学时，每年接受再培训的时间不得少于20学时；其他生产经营单位新上岗的从业人员，岗前培训时间不得少于24学时。从业人员在本生产经营单位内调整工作岗位或离岗一年以上重新上岗时，应当重新接受车间（工段、区、队）和班组级的安全培训。生产经营单位实施新工艺、新技术或者使用新设备、新材料时，应当对有关从业人员重新进行有针对性的安全培训。

（2）新员工的三级安全教育

生产经营单位必须根据工作性质对从业人员进行三级安全教育培训。保证其具备本岗位安全操作、应急处置等知识和技能。

1）厂（矿）级岗前安全培训内容应当包括：

①单位安全生产情况及安全生产基本知识；

②本单位安全生产规章制度和劳动纪律；

③从业人员安全生产权利和义务；

④有关事故案例等。

煤矿、非煤矿山、危险化学品、烟花爆竹等生产经营单位厂（矿）级安全培训除包括上述内容外，还应当增加事故应急救援、事故应急预案演练及防范措施等内容。

2）车间（工段、区、队）级岗前安全培训内容应当包括：

①工作环境及危险因素；

②所从事工种可能遭受的职业伤害和伤亡事故；

③所从事工种的安全职责、操作技能及强制性标准；

④自救互救、急救方法、疏散和现场紧急情况的处理；

⑤安全设备设施、个人防护用品的使用和维护；

⑥本车间（工段、区、队）安全生产状况及规章制度；

⑦预防事故和职业危害的措施及应注意的安全事项；

⑧有关事故案例；

⑨其他需要培训的内容。

3）班组级岗前安全培训内容应当包括：

①岗位安全操作规程；

②岗位之间工作衔接配合的安全与职业卫生事项；

③有关事故案例；

④其他需要培训的内容。

（3）特种作业人员安全技术培训考核

特种作业是指直接从事容易发生人员伤亡事故，对操作者本人、他人及周围设施的安全可能造成重大危害的作业，包括电工作业、焊接与热切割作业、高处作业、制冷与空调作业、煤矿安全作业、金属非金属矿山安全作业、石油天然气安全作业、冶金（有色）生产安全作业、危险化学品安全作业、烟花爆竹安全作业以及安全监管总局认定的其他作业。

特种作业人员是指直接从事特种作业的人员。

《特种作业人员安全技术培训考核管理规定》（国家安全生产监督管理总局令 第30号）对特种作业人员培训、考核发证、复审补换、监督管理、违规行为处理作了明确的规定。

1）培训

特种作业人员必须接受与本作业相应的安全技术理论培训和实际操作培训。特种作业人员培训必须依照国家安全监管总局制定的培训大纲进行；煤矿特种作业人员培训必须依照国家煤矿安监局制定的培训大纲进行。从事特种作业人员培训的机构，必须具备安全生产监管部门、煤矿安全监察机构认定的安全培训资质。特种作业人员培训机构应当将培训计划、教学安排、学员情况、教师资格、收费标准等事前报送有关考核、发证机构审查、备案。

2）考核发证

特种作业人员考核分为安全技术理论考核和实际操作考核，考核标准由国家安全监管总局制定，煤矿特种作业人员的考核标准由国家煤矿安监局制定。申请考核人员应当携带身份证明、毕业证书、健康证明、培训证书等材料，按期到培训机构所在地的考核、发证机构报名。特种作业人员考核、发证工作，由市（地）以上安全生产监管部门、煤矿安全监察机构组织实施。考核、发证机构应当将考核、发证审核程序、考核类别、考核计划、监督电话等相关事项向社会公布，以确保该工作公正、公平、公开。申请考核人员经专门培训且通过安全技术理论考核和实际操作技能考核者，方可取得特种作业操作资格证书。特种作业操作资格证书由市（地）以上安全生产监管部门、煤矿安全监察机构颁发，在全国范围内有效。

离开本岗位 1 年以上的特种作业人员，从事原岗位特种作业的，应重新对其进行实际操作考核。

3）复审补换

①复审。特种作业操作资格证书每 3 年复审一次。跨地区从业或者跨地区流动施工单位的特种作业人员，可向发证地、从业地或者施工所在地的考核、发证机构申请复审。

复审内容包括：县级及以上医院健康证明；违章作业记录情况；安全生产新知识和事故案例培训；本作业安全知识考试。

②补换。特种作业操作资格证书遗失、损毁或者持证人个人登记项目发生变化的，由申请人向原考核、发证机构书面申报并说明原因，经原考核、发证机构审查认可后，补发或者换发新证，原证书作废。

（4）经常性安全教育

由于生产经营单位的生产方法、环境、机械设备的使用状态及人的心理状态都处于变化之中，加之人的大部分安全技术知识与技能均为短期记忆，必然随时间而衰减，即使上岗前进行了全面深入的教育培训，经过一段时间以后，员工所具备的安全知识和技能还有可能低于从事本职工作的最低要求，必须进行再培训，保证其始终处于“够用”状态。因此，安全教育不可能一劳永逸，必须经常开展。

经常性安全教育的形式多种多样，如班前班后会、安全活动月、安全会议、安全技术交流、安全水平考试、安全知识竞赛、安全演讲等。不论采取哪种形式都应该切实结合安全生产情况，有的放矢，提高职工的安全意识，得到较好的教育效果。

（5）“五新”作业安全教育

“五新”作业安全教育是指凡采用新技术、新工艺、新材料、新产品、新设备（即进行“五新”作业）时，由于其未知因素较多，变化较大，作业中极可能潜藏着不为人知的危险性，且操作者失误的可能性也要比通常进行的作业更大，因此，在作业前，应尽可能应用科学方法进行分析和预测，找出潜在或存在的危险，制定出可靠的安全操作规程，对操作者及有关人员就作业内容进行有针对性的安全操作知识和技能及应急措施的教育和培训，预防事故的发生，控制事故的扩大。

（6）复工和调岗安全教育

复工安全教育是针对离开操作岗位较长时间的工人进行的安全教育。离岗 1 年以上重新上岗的工人，必须进行相应的车间级或班组级安全教育。

调岗安全教育是指工人在本单位临时调动岗位或调往其他单位帮助工作的，由接受单位进行所担任工种的安全教育。

3. 安全教育的形式

安全教育应利用各种教育形式和教育手段，以生动活泼的方式，来实现安全生产这一严肃的课题。

安全教育形式大体可分为以下几种：

①广告式，包括安全广告、标语、宣传画、标志、展览、黑板报等形式，以精练的语言、生动的方式，在醒目的地方展示，提醒人们注意安全和怎样才能安全。

②演讲式，包括教学、讲座的讲演，经验介绍，现身说法，演讲比赛等。可以是系统教学，也可以是专题论证、讨论。用以丰富人们的安全知识，提高对安全生产的重视程度。

③会议讨论式，包括事故现场分析会、班前班后会、专题研讨会等，以集体讨论的形式，使与会者在参与过程中进行自我教育。

④竞赛式，包括抢答赛、书面知识竞赛，操作技能竞赛及其他安全教育活动评比，激发人们学安全、懂安全、会安全的积极性，促进职工在竞赛活动中树立安全第一的思想，丰富安全知识，掌握安全技能。

⑤声像式，是用声像现代艺术手段，使安全教育寓教于乐。主要有安全宣传广播、电影、电视、录像等。

⑥文艺演出式，是以安全为题材编写和演出的相声、小品、话剧等文艺演出的教育形式。

⑦学校正规教学，是利用国家或生产经营单位办的大学、中专、技校，开办安全工程专业，或穿插渗透于其他专业的安全课程。

【任务练习】

某污水处理厂新进一批运营岗位上的新员工，请问这批员工需要开展哪些安全教育？请你列出在培训课上所要培训的内容。

（扫码获取参考答案）

任务3 安全生产责任制

【任务目标】

掌握安全生产责任制的含义；理解安全生产责任制的特点；熟悉安全生产责任制的分类及编制要点；理解安全生产责任制在安全领域建立的重要作用。

【知识铺垫】

一、安全生产责任制的含义

安全生产责任制主要是指生产经营单位依据安全生产的法律法规建立的各级领导、职能部门和管理人员、工程技术人员、岗位操作人员对安全生产工作应负责任的一种全员安全管理制度；同时也指各级政府及所属有关部门的主要负责人和领导成员、机关职能机构负责人和业务人员对安全生产应负的监督管理责任的制度。安全生产责任制是企业岗位责任制的重要组成部分，是企业安全生产、劳动保护管理制度的核心；各级政府及所属有关部门的安全生产责任制则是依法行政责任制的重要组成部分。

生产经营单位是安全生产的责任主体，也是安全生产责任制的基础所在。企业安全生产责任制度有广义、狭义之分，狭义的安全生产责任制主要指安全生产责任体系，包含四层含义：企业负责人的安全生产责任制；企业所属各单位、各部门及其负责人的安全生产责任制；企业安全管理人员、业务人员的安全生产责任制；操作工人的安全生产责任制。广义的安全生产责任制，不仅包括狭义的安全生产责任制，还包括与安全生产责任体系配套的考核指标体系及激励约束机制，以及事故责任追究制度等有关规章制度。本任务所讲述的主要是指广义的安全生产责任制。

二、安全生产责任制的特点

①以单位法定代表人（行政主要负责人）为核心；

②全员有责，层层负责；

③有定性、定量的责任考核指标体系和考核办法；

④有与责任人创先争优及经济利益挂钩的奖励处罚措施；

⑤有事故责任追究的规定；

⑥有行使“一票否决”的特殊规定。

三、安全生产责任制的分类

安全生产责任制就是根据安全生产法律法规的要求，依据“安全生产，人人有责”的原则，结合本单位的生产特点，确定各级领导、职能部门、工程技术人员、岗位操作人员在劳动生产过程中必须对安全生产所应担负的责任而制定的法规性文件。安全生产责任制是污水处理厂岗位责任制的重要组成部分，是污水处理厂中最基本的一项安全管理制度，也是污水处理厂安全生产管理制度的核心。安全生产责任制的内容，概括地说企业法人代表或单位行政主要领导对本企业、本单位的安全工作负总的责任；领导班子中的副职对自己分管范围内的安全工作负责；各级工程技术人员、职能科室和生产工人在各自职责范围内对安全工作负相应的责任。其基本类型见表2-8。

表2-8 污水处理厂安全生产责任制一览

类别	序号	名称	备注
污水处理厂安全生产责任制	1	污水处理厂主要负责人安全生产职责	领导层和管理层
	2	生产经营部门主要负责人安全生产职责	
	3	生产经营单位安全生产管理机构职责	
	4	污水处理厂主管安全生产工作负责人职责	
	5	污水处理厂领导班子其他负责人安全职责	
	6	中层部门安全职责	
	7	中层部门负责人安全生产职责	
	8	班组安全生产职责	岗位操作层
	9	班组长安全生产职责	
	10	具体岗位安全生产职责	
	11	从业人员安全生产职责	
	12	各类专项工作负责部门和人员的安全生产职责	

四、污水处理厂建立安全生产责任制的作用

污水处理厂建立安全生产责任制的目的，一方面是增强各级负责人员、各职能部门及其工作人员和各岗位人员对安全生产的责任感；另一方面是明确各级负责人员、各职能部门及其工作人员和各岗位人员在安全生产中应履行的职能和应承担的责任，以充分调动各级人员和各部门在安全生产方面的积极性和主观能动性，确保安全生产。

五、污水处理厂安全生产责任制编制要点

安全生产责任制的内容本着“横向到边，纵向到底”的原则来编制。纵向方面，即

从上到下所有类型人员的安全生产职责。在建立责任制时，可首先将本单位从主要负责人一直到岗位员工分成相应的层级；然后结合本单位的实际工作，对不同层级的人员在安全生产中应承担的职责作出规定。横向方面，即各职能部门的安全生产职责，在建立责任制时，可按照本单位职能部门（如安全、运行、设备、人事、财务、综合等部门）的设置，分别对其在安全生产中应承担的职责作出规定。

在此主要讲述污水处理厂安全生产责任制的结构及拟写提纲，在实际工作中，也常常被要求拟写企业内部一个车间、一个工区，或者一个业务部门、一个基层队组的安全生产责任制，相比之下，要比企业的安全生产责任制简单得多。

（1）标题

一般由两要素组成，即××单位安全生产责任制。在安全生产责任制的标题下面或文后注明制定的时间（或注明职代会审议通过的时间）。

（2）结构

一般由引言、正文和结尾组成。

引言就是一个引子，比较简短，记述制定安全生产责任制的背景和缘由。有的责任制没有单独的结尾，正文完即完；有单独结尾的一般也比较简短，或作实行（试行）的说明，或作实行监督的说明，或作实行修订的说明。

正文一般是并列式结构。如果企业规模较大，管理层次较多，工种差异较大，安全生产责任制的责任主体和内容自然也较多，安全生产责任制的正文可以按序号分多部分表述。

第一部分，企业领导层的安全生产责任，包括法定代表人的责任、分管安全的负责人的责任、总工程师的责任、财务总监的责任、其他负责人的责任等；

第二部分，企业生产管理部门及负责人的安全生产责任，包括运营部门的责任、安全管理部门的责任、管理部门的责任、设计部门的责任等；

第三部分，企业经营部门及负责人的安全生产责任，包括销售部门的责任、原材料采购部门的责任、财务核算部门的责任等；

第四部分，企业直接生产单位的安全生产责任，包括生产单位主要负责人及其他负责人的责任、安全管理人员的责任、其他业务人员的责任、班组（队）长的责任、各工种生产工人的责任等；

第五部分，企业辅助生产单位的安全生产责任，包括主要负责人及其他负责人的责任、安全管理人员及其他业务人员的责任、班组（队）长的责任、各工种生产工人的责任等；

第六部分，企业党委、共青团、工会、妇联等组织的安全生产责任等。

拟定生产经营单位安全生产业绩考核体系，完善安全生产激励约束机制，可以作为安全生产责任制的一部分，也可以单独作为一件企业文书下达。

（3）涉及人员

1）主要负责人

污水处理厂主要负责人是本单位安全生产的第一责任者，对安全生产工作全面负责。《中华人民共和国安全生产法》规定了其安全职责。污水处理厂可结合本单位实际情况对主要负责人的安全生产职责进行分解和细化，作出具体规定。

2）其他负责人

污水处理厂其他负责人的安全生产职责是协助主要负责人做好本单位的安全生产工作。污水处理厂副总经理、总经理助理等分管负责人应根据其具体职责分工，对其在安全生产方面应承担的具体职责作出规定。

3）安全生产管理人员

安全生产管理人员协助本单位主要负责人开展和落实各项安全管理工作，《中华人民共和国安全生产法》规定了安全生产管理人员的职责，污水处理厂也可结合单位的具体情况对安全生产管理人员的职责进行分解与细化，从而作出具体规定。

4）各职能部门负责人及其工作人员

各职能部门都会涉及安全生产职责，需根据各部门职责分工作出具体规定。各职能部门负责人的职责是按照本部门的安全生产职责，组织有关人员做好本部门安全生产责任制的落实，并对本部门职责范围内的安全生产工作负责；各职能部门的工作人员则是在本人职责范围内做好有关安全生产工作，并对自己职责范围内的安全生产工作负责。

例如，人力资源经理负责本单位的新员工三级安全教育及建档、组织部分人员的教育培训等；综合部经理负责劳动防护用品的采购、保管、发放，现场警示标志标识的购置等。各职能部门负责人还要负责本部门员工的安全教育，组织本部门职责范围内的安全检查等工作。

5）班组长

班组是做好污水处理厂安全生产工作的关键，班组长全面负责本班组的安全生产工作，是安全生产法律法规和规章制度的直接执行者。班组长的主要职责是贯彻执行本单位对安全生产的规定和要求，督促本班组遵守有关安全生产规章制度和安全操作规程，切实做到不违章指挥，不违章作业，遵守劳动纪律。

6）岗位员工

岗位工人对本岗位的安全生产负直接责任。岗位工人的主要职责是接受安全生产教育和培训，遵守有关安全生产规定和安全操作规程，遵守劳动纪律，不违章作业。

【任务练习】

1．安全生产责任制从横向和纵向方面，分别指什么？

2．污水处理厂在建立安全生产责任制时，在纵向方面应包括哪几类人员？

3．污水处理厂一般采用什么方式落实安全生产责任制？

4．结合所学的知识请你参照以下污水处理厂的组织结构图制定一份安全生产责任制的大纲。

（扫码获取参考答案）

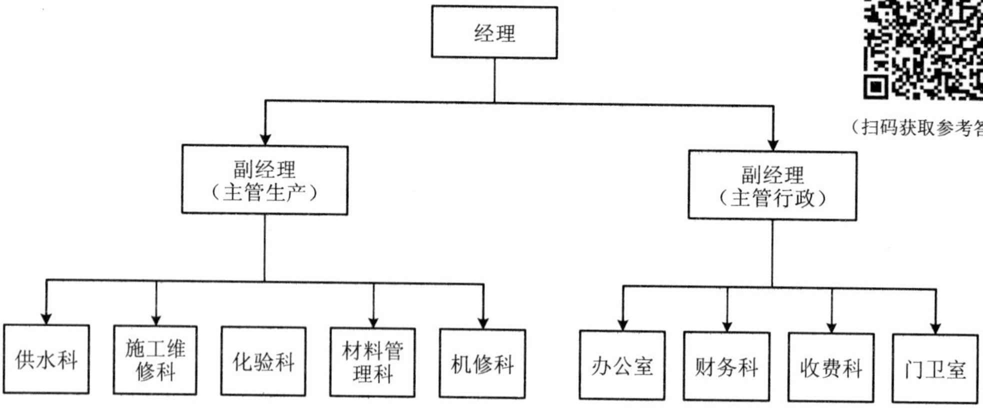

任务 4　安全生产目标责任书的签订

【任务目标】

掌握安全生产目标责任书签订的方式；熟悉各类人员的安全生产责任书中的安全职责。

【知识铺垫】

一、签订方式

在污水处理厂内部，为使污水处理厂安全生产责任制得到有效落实，一般采取签订安全生产目标责任书的方式，年度安全目标责任书内容主要包括目标指标、职责要求、绩效考核等。

安全目标责任书要求逐级签订，污水处理厂主要负责人与集团或上级单位签订本厂的年度安全目标责任书，明确本厂在本年度需要实现的安全控制指标、采取的管控措施以及绩效考核要求等。主要负责人与各部门负责人及安全生产管理人员签订年度安全目标责任书，明确各个部门负责人及安全生产管理人员的安全生产职责，同样，各部门主要负责人与本部门各班组长、班组长与员工层层签订年度安全目标责任书。

年度安全目标责任书一般在年初（每年 1 月 1 日）签订，有效期为全年度或至签订下一年度的安全目标责任书时为止。

二、各级安全目标责任书

1. 其他负责人

由主要负责人（总经理或厂长）与各副总经理、总经理助理签订年度安全目标责任书，参考样式如下：

XX 公司 20XX 年度
副总经理安全目标责任书

为贯彻执行《中华人民共和国安全生产法》等相关法律法规和规章制度，做好公司安全生产管理工作，提高安全意识，落实安全职责，遏制各类事故发生，确保员工人身安全，保障公司正常运行，特制定本责任书。

一、控制指标

1. 三级及以上生产安全事故为零；
2. 厂外负主责的重特大交通事故为零；
3. 职业病发病率为零；
4. 隐患整改率 100%；
5. 严重环境污染事件为零；
6. 危险废物合规处理率 100%。

二、责任内容

1. 认真学习贯彻执行国家安全生产法律、法规和标准，把安全生产工作列入公司管理的重要日程。
2. 协助总经理主持公司的安全生产工作，对分管范围的安全生产工作负有直接领导责任。
3. 组织制定、修订公司的安全生产责任制、安全生产规章制度和安全生产操作规程并进行考核。
4. 监督、审核公司安全生产投入的有效实施，组织制定公司安全生产工作年度计划和中长期规划。
5. 组织实施本单位安全生产教育和培训计划。
6. 组织安全生产大检查，对查出的重大隐患落实措施方案，落实责任部门，确保安全生产。
7. 主持安全生产工作例会，针对存在的问题制定解决方案。

8. 组织审批新建、改建、扩建等建设工程项目的安全技术措施，必须做到“三同时”，即劳动保护设施与主体工程同时设计、同时施工、同时投产使用。

9. 督导成立公司消防抢险队伍，为本单位配备充足的消防器材、装备，定期组织消防演练。

10. 发生事故后，第一时间协助总经理启动事故应急救援预案，做好事故救援指挥，保护好事故现场，采取必要的控制措施，防止事故扩大。

11. 按照“四不放过”的原则组织对生产安全事故进行调查、分析、处理，并监督实施改进措施。

12. 加强对安全生产工作的考核，向总经理提出奖惩意见。

三、考核

1. 对工作积极、热情，确保本单位安全生产稳定有序，在安全生产管理方面表现突出者，年终给予奖励。

2. 对因违反公司安全管理规定，失职失责的，纳入年终考核。对违反法律法规、集团及公司规章制度造成的损失，承担相应责任。

3. 凡发生较大及以上生产安全事故的，按责任事故处理“四不放过”原则追究相关人员责任，触犯法律的移送司法机关处理。

本目标责任书一式两份，签字双方各执一份，自签字之日起生效。

本目标责任书有效期：20××年1月1日起至20××年12月31日止。

总经理：　　　　　　　　　　副总经理：

日期：　年　月　日　　　　　日期：　年　月　日

2．安全员

安全员所执行的各项安全管理工作直接由公司主要负责人负责，故由公司主要负责人与安全员签订年度安全目标责任书。参考样式如下：

XX 公司 20XX 年度
安全员安全目标责任书

为贯彻执行《中华人民共和国安全生产法》等相关法律法规和规章制度，做好公司安全生产管理工作，提高安全员安全意识，落实安全员安全职责，遏制各类事故发生，确保员工人身安全，保障公司正常运行，特制定本责任书。

一、控制指标

1. 三级及以上生产安全事故为零；
2. 厂外负主责的重特大交通事故为零；
3. 职业病发病率为零；
4. 隐患整改率 100%；
5. 严重环境污染事件为零；
6. 危险废物合规处理率 100%。

二、责任内容

1. 严格遵守《中华人民共和国安全生产法》等法律法规和规章制度，落实和执行上级单位及本公司的各项安全管理规定。
2. 具备安全生产管理所需安全管理知识及安全生产技术，熟悉国家安全法律法规、标准规范及公司制度要求。
3. 组织或者参与制订本单位年度安全生产工作计划，包括安全生产投入计划、安全生产检查计划、安全生产教育培训计划、应急救援演练计划等。
4. 组织或者参与拟订本单位安全生产规章制度、操作规程和事故应急预案。
5. 组织或者参与本单位安全生产教育和培训，如实记录安全生产教育和培训情况，安全教育培训要做到有签到、有记录、有考核、有评估总结。
6. 安全生产月期间，根据上级要求，组织本单位开展各项安全生产月活动。
7. 督促和提醒本单位安全生产主要负责人、特种设备作业人员、特种作业人员定期对相关证件进行复审。
8. 组织或者参与安全周例会，做好会议记录。
9. 对来访人员进行安全告知，为其提供需要的劳动防护用品。

10. 对外部委托项目作业人员进行入厂前安全教育培训，定期对外部委托项目施工现场进行安全检查，并督导其及时进行隐患整改。

11. 督促或者参与落实本单位危险源辨识评估，并落实管控措施。

12. 组织或者参与本单位应急演练，做到有方案、有记录、有评估总结。

13. 检查本单位的安全生产状况，及时排查生产安全事故隐患，提出改进安全生产管理的建议。

14. 制止和纠正违章指挥、强令冒险作业、违反操作规程的行为。

15. 督促或者参与落实本单位安全生产整改措施。

16. 组织或者参与本单位消防器材、装置的定期检查，定期组织消防安全培训和应急演练。

17. 发生事故后，第一时间向本单位领导上报事故初报，协助分管领导启动事故应急救援预案，参与救援，保护好事故现场，采取必要措施防止事故扩大。

18. 参与事故调查、事故处理，督导或者参与事故隐患整改。

19. 按时完成上级单位及领导布置的其他安全管理工作，及时汇总相关材料，按时上报。

三、考核

1. 对工作积极、热情，确保本单位安全生产稳定有序，在安全生产管理方面表现突出者，年终给予奖励。

2. 对因违反公司安全管理规定，失职失责的，纳入年终考核。对违反法律法规、集团及公司规章制度造成的损失，承担相应责任。

3. 凡发生较大及以上生产安全事故的，按责任事故处理“四不放过”原则追究相关人员责任，触犯法律的移送司法机关处理。

本目标责任书一式两份，签字双方各执一份，自签字之日起生效。

本目标责任书有效期：20××年1月1日起至20××年12月31日止。

总经理：　　　　　　　　　　　　安全员：

日期：　　年　　月　　日　　　　日期：　　年　　月　　日

3. 部门负责人

根据各部门安全生产职责，总经理与各部门负责人（经理）签订年度安全目标责任书。参考样式如下：

XX 公司 20XX 年度
运行经理安全目标责任书

为贯彻执行《中华人民共和国安全生产法》等相关法律法规和规章制度，做好公司安全生产管理工作，提高安全意识，落实安全职责，遏制各类事故发生，确保员工人身安全，保障公司正常运行，特制定本责任书。

一、控制指标

1. 三级及以上生产安全事故为零；
2. 厂外负主责的重特大交通事故为零；
3. 职业病发病率为零；
4. 隐患整改率 100%；
5. 严重环境污染事件为零；
6. 危险废物合规处理率 100%。

二、责任内容

1. 严格遵守《中华人民共和国安全生产法》等法律法规和规章制度，执行本公司的各项安全管理规定。
2. 部门负责人是本部门安全生产第一责任人，对所承担工作范围内的安全管理工作负直接管理责任，与部门员工层层签订《安全管理目标责任书》。
3. 落实并完善本部门安全生产责任制，建立健全本部门安全规章制度及安全操作规程。
4. 负责运行、脱泥、化验、机修等岗位人员的安全教育工作，做好安全生产知识、应急处置能力和自救互救方法的培训。
5. 做好劳动、工作纪律的管理，严格遵守公司的劳动、工作纪律，杜绝人身伤亡事故的发生，严格执行责任事故“四不放过”的原则。
6. 负责生产现场的各项管理。严格执行生产现场巡视检查制度，加强生产现场、生产设备、设施和安全设施的巡视检查。
7. 在负责采购各种设备、器材等设施时，要严格把关审查是否符合所需的各项安全技术指标和性能。

8. 抓好有限空间、高处、动火、临时用电、动土等危险作业时的安全防护、安全技术措施的落实。

9. 对本部门外部委托项目施工的安全生产负直接责任，在落实外部委托项目的同时，要制定落实相关安全生产责任制及安全防护措施，并制定作业方案，加强外部委托项目施工人员的安全教育培训和监督管理，确保外部委托项目安全实施。

10. 熟悉本部门工作环境中的危险源及潜在的危险因素，指导本部门做好日常安全生产检查及整改治理措施的落实。

11. 抓好特种设备操作人员和特种作业人员的管理，严格执行国家特种作业人员管理的相关规定和标准，严禁无证人员上岗作业。

12. 做好消防工作，加强动火、用电管理，杜绝火灾等事故发生。

13. 负责做好防洪、防汛工作，掌握汛期情况，落实防汛措施，确保安全度汛。

14. 组织召开部门安全生产工作会议，分析本部门安全生产现状，提出改进措施。

三、考核

1. 对工作积极、热情，确保本单位安全生产稳定有序，在安全生产管理方面表现突出者，年终给予奖励。

2. 对因违反公司安全管理规定，失职失责的，纳入年终考核。对违反法律法规、集团及公司规章制度造成的损失，承担相应责任。

3. 凡发生较大及以上生产安全事故的，按责任事故处理“四不放过”原则追究相关人员责任，触犯法律的移送司法机关处理。

本目标责任书一式两份，签字双方各执一份，自签字之日起生效。

本目标责任书有效期：20××年1月1日起至20××年12月31日止。

总经理：　　　　　　　　　　运行经理：

日期：　　年　　月　　日　　　　日期：　　年　　月　　日

4. 班组长

对于部门下设班组的，如污水处理厂运行部一般下设运行班、化验班等班组，部门经理应与各班组组长签订年度安全目标责任书。参考样式如下：

XX 公司 20XX 年度

班组长安全目标责任书

为贯彻执行《中华人民共和国安全生产法》等相关法律法规和规章制度，做好公司安全生产管理工作，提高班组长安全意识，落实班组长安全职责，遏制各类事故发生，确保员工人身安全，保障公司正常运行，特制定本责任书。

一、控制指标

1. 三级及以上生产安全事故为零；
2. 厂外负主责的重特大交通事故为零；
3. 职业病发病率为零；
4. 隐患整改率 100%；
5. 严重环境污染事件为零；
6. 危险废物合规处理率 100%。

二、责任内容

1. 严格遵守《中华人民共和国安全生产法》等法律法规和规章制度，执行本公司的各项安全管理规定。
2. 具备本班组作业所需的工艺运行、设备操作、机械维修保养等基础知识，了解相关国家标准规范及公司制度要求。
3. 熟练掌握所使用仪器、设备、工/机具的性能及操作规程。
4. 加大安全生产管理制度的执行力度，杜绝“三违”现象。
5. 组织开展本班组内的安全生产教育培训与宣传工作，利用班前、班后会，提高职工安全生产意识和安全技术知识。
6. 负责对本班组新员工开展“班组级”安全教育。
7. 做好本班组责任区内“6S”管理工作，保持整洁卫生。
8. 根据制度要求，督导本班组员工正确佩戴和使用劳动防护用品，做好模范带头作用。
9. 负责班组每日安全检查，发现安全隐患及时组织整改，并报告上级；发现事故立即向上级报告，并组织抢救，保护好现场，记录好现场影像资料。

10. 积极参加公司组织的相关安全教育培训及应急演练活动，掌握相应的安全知识，具备各种紧急情况的应急处置能力。

11. 具备一定的防灭火知识及技能，定期组织检查责任区内消防器材，做好本班组责任区内消防管理。

12. 积极配合公司组织的相关安全检查工作，对查出的各项安全隐患，应立即进行整改。

三、考核

1. 对工作积极、热情，确保工艺、设备运行安全可靠，在班组日常管理方面表现突出者，年终给予奖励。

2. 对不服从管理、不做好班组模范带头作用、不组织本班组员工开展各项安全管理工作等，视情节轻重给予批评教育、停职直至解聘。

3. 对因违反公司安全管理规定，失职失责的，纳入年终考核。对违反法律法规、集团及公司规章制度造成的损失，承担相应责任。

本目标责任书一式两份，签字双方各执一份，自签字之日起生效。

本目标责任书有效期：20××年1月1日起至20××年12月31日止。

××经理： 班组长：

日期： 年 月 日 日期： 年 月 日

5. 岗位员工

下设班组的部门，由班组组长与本班组各岗位员工签订年度安全目标责任书；不设班组的部门，由部门经理与各岗位员工签订年度安全目标责任书。参考样式如下：

XX 公司 20XX 年度

操作工安全目标责任书

为贯彻执行《中华人民共和国安全生产法》等相关法律法规和规章制度，做好公司安全生产管理工作，提高操作工安全意识，落实操作工安全职责，遏制各类事故发生，确保员工人身安全，保障公司正常运行，特制定本责任书。

一、控制指标

1. 三级及以上生产安全事故为零;

2. 厂外负主责的重特大交通事故为零;

3. 职业病发病率为零;

4. 隐患整改率 100%;

5. 严重环境污染事件为零;

6. 危险废物合规处理率 100%。

二、责任内容

1. 严格遵守《中华人民共和国安全生产法》等法律法规和规章制度，执行本公司的各项安全管理规定。

2. 具备一定的运行工艺知识，了解岗位标准及规范。

3. 熟练掌握所使用仪器、设备、工机具的性能，严格遵守安全操作规程。

4. 严格执行交接班制度，交接班前对岗位责任区进行安全检查。

5. 开停机前后必须检查设备情况，设备运行中严格监视运行状态，随时观察电气设备和机械设备，检查声音，温度等，发现异常情况及时排除，不能排除时要及时向有关领导汇报。积极主动配合修理人员进行设备修理，主动介绍设备故障原因。

6. 掌握本单位运行所需危化品、药剂的技术参数，严格按照安全操作规程投加使用，佩戴符合要求的个人劳动防护用品，具备相应应急处置能力。

7. 做好责任岗位“6S”管理工作，保持整洁卫生。

8. 准确填写当班运行记录及安全检查记录。

9. 根据制度要求，正确佩戴和使用劳动防护用品。

10. 对本单位工艺、设备等运行情况巡视时，遵守巡视管理规定。

11. 严格执行上池作业安全管理规定，避免溺水事故的发生。

12. 作业过程中如有有限空间作业等危险作业，严格执行审批手续，根据规章制度要求开展作业。

13. 积极参加公司组织的相关安全教育培训及应急演练活动，掌握相应的安全知识，具备一定的应急处置能力。

14. 具备一定的防灭火知识及技能，定期检查责任区内消防器材。

15. 积极配合公司组织的相关安全检查工作，对查出的各项安全隐患，应立即进行整改。

三、考核

1. 对工作积极、热情，确保工艺、设备运行稳定可靠，在工艺运行、监控、设备操作等方面表现突出者，年终给予奖励。

2. 对不服从管理、不注意使用和维护维修设备、工具、器材，不按操作规程作业等，视情节轻重给予批评教育、停职直至解聘。

3. 对因违反公司安全管理规定，失职失责的，纳入年终考核。对违反法律法规、集团及公司规章制度造成的损失，承担相应责任。

本目标责任书一式两份，签字双方各执一份，自签字之日起生效。

本目标责任书有效期：20××年1月1日起至20××年12月31日止。

班组长：　　　　　　　　　　操作工：

日期：　　年　　月　　日　　　　日期：　　年　　月　　日

【任务练习】

1. 安全目标责任书一般包括哪几方面内容？

2. 岗位员工的安全生产职责有哪些？

（扫码获取参考答案）

任务 5 污水处理厂安全检查

【任务目标】

掌握污水处理厂安全检查的具体内容；熟悉安全检查的类型；了解安全检查前所需做的各项准备工作。

【知识铺垫】

安全检查是生产经营单位贯彻落实“安全第一，预防为主，综合治理”方针的有效途径，同时也是发现不安全因素、消除事故隐患、落实整改措施、堵塞安全漏洞、强化安全管理、防止伤亡事故、改善劳动条件的重要手段。

安全检查主要由各基层单位的专（兼）职安全员、安技部门、上级主管部门及有关设备的专职安全工作人员进行。生产经营单位管理人员、基层管理人员、工程技术人员和工人也应承担自己责任范围内的安全检查工作。

生产经营单位必须建立健全安全检查制度，确保安全检查能适时有效地进行。开展安全检查工作时，可根据生产经营单位各自的情况和季节特点，做到每次检查的内容有所侧重，突出重点，真正收到较好的效果。生产经营单位可通过安全检查，识别存在及潜在的危险，确定危害的根本原因，对危害源实施监控，采取有效措施，预防和控制事故，确保安全、健康、稳定发展。

一、安全检查的内容

所有与安全有关的工作都是我们安全检查的对象，主要内容包括：有关安全生产法律、法规和上级有关安全生产规定的执行情况；各种职业安全措施的执行情况；安全规章制度的执行情况；工作场所的安全情况；劳动保护用品的使用情况；事故管理等。

安全检查可从以下五个方面进行：

1．查现场、查隐患

安全检查以查现场、查隐患为主。即深入生产作业现场，查劳动条件、生产设备、安全卫生设施是否符合要求，督查职工在生产中的不安全行为的情况等。

（1）生产现场情况

①劳动防护用品。现场作业人员劳动防护用品的管理与使用是否规范，劳动防护用品质量是否符合安全技术要求，操作人员能否熟练使用。

②安全卫生设备设施。安全防护设备设施配备是否符合国家及行业标准，安全防护设备设施是否齐全、有效；劳动保护设备设施是否满足作业要求，尘毒作业场所防护措施是否达到了国家标准。

③现场安全管理的执行。是否有安全检查制度，定期开展安全检查，并有检查记录和查出问题整改反馈单。

④安全生产关键装置、要害部位的施工现场和直接作业环节的安全管理制度是否健全，台账是否齐全，安全检查监督是否到位。

⑤作业环境。作业环境有否安全出口和安全通道，且是否通畅；采暖、通风、空调，采光、照明，车间建筑物墙体、墙面、地面，管线布置等是否符合要求。

⑥安全标志和警示标识。是否在存在危险因素的生产经营场所和设施、设备上，正确设置、使用安全标志和警示标识，提醒作业人员和在场的其他人员注意防范危险，防止发生事故。

（2）特种设备使用管理

①特种设备的管理。特种设备是否建立了完善的技术档案、台账、登记表，并有完整的操作规程、安全管理制度、维修保养制度。

②特种设备的使用。是否按有关规定办理了使用登记手续，特种设备的维修改造是否按程序进行申报。

③特种设备的维护。特种设备设施是否有年度检验计划和安排，特种设备定期检验率能否达到100%，存在问题隐患能否按规定整改，有无检验报告的存档制度或记录。

（3）危险源监控

生产经营单位是否按照法律、法规和标准进行重大危险源辨识，对重大危险源逐一登记建档，定期对其进行检测，掌握危险源的动态变化情况；是否建立了危险源管理制度、应急预案，危险源档案是否齐全；有无危险源的检查制度，对可能发生的事故进行预先分析。

2. 查思想、查意识

在查隐患和努力发现不安全因素的同时，应注意检查企业领导的思想意识，检查他们对安全生产认识是否正确，是否把职工的安全健康放在第一位，特别对各项劳动保护法规以及安全生产方针的贯彻执行情况，更应严格检查。

查思想、查意识主要是检查各级生产管理人员对安全生产的认识，对安全生产的方针政策、法规和各项规定的理解与贯彻情况，全体职工是否牢固树立了“安全第一，预防为主，综合治理”的思想。如领导是否真正做到了关心职工的安全健康；现场有无违章指挥、违章作业；各有关部门及人员能否做到当生产、效益与安全发生矛盾时，把安全放在第一位。

3. 查管理、查制度

安全检查是对生产经营单位安全管理的大检查，主要检查安全管理的各项具体工作的执行情况。

（1）安全组织管理体系

①是否设立安全管理机构。检查是否设立了专职安全管理机构、部门，并成立以党政领导为主的安委会，安委会是否定期召开安全会议对安全事宜做出反应与决定。生产经营单位的安全机构是否健全、分级是否合理，安全部门是否岗位明确、工作协调。

②安全人员配备情况。是否按安全生产法律法规的要求，按生产经营单位在册职工人数的一定比例配备专职或兼职安全人员，关键装置、要害部位配有专职安全工程师。

（2）安全生产管理制度完善及执行情况

①安全生产责任制。各级领导、各个部门、各岗位的安全生产责任制是否健全；各级领导、各个部门能否认真履行安全生产责任制，并制定安全生产责任追究制度；各级领导的承包活动记录执行情况；基层班组的安全活动情况。

②安全规章制度。包括制定安全生产管理、考核、奖惩等规定的情况；制定现场施工作业、危险源管理等安全规章制度的情况，安全制度在执行中能否得到不断细化、持续改进和及时完善等。

③岗位安全操作规程。是否制定了岗位安全操作规程并定期进行修订完善，岗位操作人员认真执行安全操作规程的情况。

④危险及特种作业审批程序。包括能否根据单位的生产实际，确定危险作业相关文件与记录，特种作业的审批记录，是否建立工业动火、临时用电、大型吊装等特殊作业的审批程序规定和管理台账。

⑤安全投入。是否按照国家规定和上级要求，保证了足额的安全投入。包括安全技术措施经费、隐患整改资金、劳动防护用品费用等。

（3）安全教育培训情况

①职工安全教育。是否建立了职工安全教育培训制度并按规定开展了相应的教育培训，安全教育培训工作是否有计划、有落实、有考核、有档案。

②特种作业人员持证上岗。是否做到了特种作业人员持证率达100%、特种作业人员复审率达100%，并制订了相应的培训计划和考核制度。

③生产经营单位主要安全管理人员安全培训。对生产经营单位的主要安全负责人和安全管理人员是否制定了安全培训管理考核制度，并按制度制订了培训计划或已进行了培训。

④消防知识培训与演练。有无消防知识的培训制度、培训计划、培训记录，以及消防演练计划、演练记录。

（4）应急预案及演练情况

①应急预案制定。包括能否根据实际生产情况制定应急预案，并有不断改进与完善应急预案的制度，有应急预案的管理档案，有保障应急预案实施的程序。

②应急预案演练。包括有无应急预案演练计划，并按应急预案定期演练，有演练记录、演练报告、演练效果分析。

③应急预案的完善。能否根据演练情况和生产情况的变化，不断改进应急预案。

（5）建设项目安全“三同时”管理情况

①建设项目的安全预评价。在建设项目的可行性报告和设计报告中，是否有劳动安全卫生内容，是否对设计方案中的安全卫生专篇进行了审查。

②投产前的安全验收。有明确的验收标准及验收档案，不符合项目的记录、整改情况。

③投产后的安全评价管理。投产后，是否有安全评价的管理规定以及安全评价报告中措施的落实情况。

4．查整改

对被检查单位上一次查出的问题，按其当时登记的项目、整改措施和期限进行复查。检查是否有隐患整改措施，明确责任人员、责任部门；重大隐患的整改实施有计划、有控制、有记录；重大隐患整改计划资金到位并限期整改。检查是否进行了及时整改和整改的效果。如果没有整改或整改不力的，要重新提出要求，限期整改。

对重大事故隐患，应根据不同情况进行查封或拆除。

5．查事故管理

查事故管理主要是检查生产经营单位对工伤事故是否及时报告、认真调查、严肃处理；是否根据找出的原因，采取了有效措施，以防止类似事故重复发生。

①事故上报。包括各类事故是否按规定及时上报。

②事故调查。能否做到事故调查程序合法，事故调查及时，信息资料翔实、充分、完整，事故调查报告符合规范。

③事故结案。事故处理结案后，公开宣布处理结果时，能否做到造成事故的原因清楚，责任划分明确，事故性质认定准确。

④责任事故处理“四不放过”原则的落实情况。事故后是否查清了事故原因，落实了防范措施，教育了职工群众，处理了事故责任者。

在检查中，如发现未按责任事故处理“四不放过”原则的要求草率处理事故的，要重新严肃处理。

⑤事故统计分析。对事故进行统计、对比、分析，并提出相应对策的情况。

二、安全检查的类型

污水处理厂通过开展各类安全生产检查进行排查事故隐患，安全生产检查可分为日常安全检查、专项安全检查及综合性安全检查。

1. 日常安全检查

日常安全检查包括班组、岗位员工的交接班检查和班中巡回检查，以及各级领导和专业技术人员的经常性检查。运行班组每日安全检查见表 2-9。日常安全检查的内容主要包括：

①各项制度和纪律的执行情况，交接班安全检查情况，重点部位防护情况，岗位分管区域内隐患诊查情况和整改情况等；

②责任区域内安全设施、防护和消防器材使用和维护情况，岗位应急措施学习及演练情况及相关记录；

③现场设备运行情况；

④作业人员是否经过培训，是否具备相关操作的资质，是否知晓岗位风险及现场应急处置措施；

⑤作业人员是否正确佩戴个人劳动防护用品，个人劳动防护用品是否有损坏，是否符合相关要求。

表 2-9　运行班组每日安全检查

检查人员			检查时间		
序号	检查项目	检查内容	检查结果	存在问题	处理措施
1	劳动纪律	1. 到岗员工是否有酒后或服用嗜睡药物后上岗？	是□　否□		
		2. 到岗员工个人劳动防护用品是否穿戴齐全？	是□　否□		
		3. 到岗员工身体及精神状态是否良好，是否能够胜任当日工作任务？	是□　否□		
2	危险作业	1. 本班次是否涉及危险作业？	是□　否□		
		2. 危险作业是否履行审批手续、进行风险识别、采取防护措施？	是□　否□		
3	设备运行维修作业	1. 工艺控制、设备运行变化情况，有无影响运行安全的隐患？	是□　否□		
		2. 管线、阀门有无“跑冒滴漏”、异常震动和松动、腐蚀、堵塞等情况？	是□　否□		
		3. 各处生产设备运行是否正常，防护装置是否可靠？	是□　否□		
4	相关方	1. 本班次是否涉及委托外部企业施工作业？	是□　否□		
		2. 是否对委托外部施工作业人员进行安全交底，并安排专人监督？	是□　否□		
5	其他	检查过程中是否发现其他安全隐患？	是□　否□		

2. 专项安全检查

专项安全检查是对某个专业问题或在生产中存在的普遍性安全问题进行的单项检查。专项安全检查主要包括：

①专业安全检查是各级领导及专业主管部门组织本专业范围内的安全检查。主要是对电气设备、机械设备、特种设备、安全和卫生装备、监测仪器、危险物品、运输车辆、施工机具及设备、危险性较大的分部分项工程等进行的专业检查；以及装置或设备设施竣工及试运行等时期进行的专项安全检查。

②季节性安全检查是根据季节特点开展的专项检查。春季以防雷、防静电、防风、防火等为重点；夏季以防暑降温、防雷、防汛、防台风等为重点；秋季以防火、防冻为重点；冬季以防滑、防冻、防静电、防风、防火等为重点。夏季专项安全检查表式样见表 2-10。

表 2-10 夏季专项安全检查

检查人员			检查时间		
检查频次		每年进入夏季前至少检查一次			
序号	检查项目	检查内容	检查结果	存在问题	处理措施
1	有限空间作业管理	1. 是否开展夏季有限空间作业重点教育培训？	是□ 否□		
		2. 有限空间作业各类应急救援装备是否完好？	是□ 否□		
		3. 上半年是否开展了有限空间作业事故应急演练？	是□ 否□		
2	防暑降温	1. 防暑降温药品是否准备齐全且在有效期内？	是□ 否□		
		2. 职工是否了解预防中暑和中暑后的急救措施？	是□ 否□		
		3. 各处配电系统工作温度是否正常？	是□ 否□		
		4. 是否已组织开展防暑降温安全教育培训？	是□ 否□		
3	厂内防汛	1. 高低压配电室、风机房等重要场所有无漏雨？	是□ 否□		
		2. 厂内各处排水设施是否完好？井、管道是否畅通？	是□ 否□		
		3. 防汛应急预案是否完善？是否组建了应急队伍？	是□ 否□		
		4. 沙袋、抽水泵等防汛物资是否配备齐全？	是□ 否□		
		5. 本年度是否已开展防汛应急演练？	是□ 否□		
4	防雷接地	1. 本年内是否已开展防雷接地检测？	是□ 否□		
		2. 构筑物及设备设施防雷接地电阻值是否正常？	是□ 否□		

③节日及特殊敏感时期开展安全检查，防止因节日期间职工纪律松懈和作业人员较少而引起的生产安全事故，或在特殊敏感时期因安全事故引发的群体性事件。节假日专项安全检查表式样见表 2-11。

表 2-11 节假日专项安全检查

检查人员			检查时间		
检查频次		节假日开始前开展的专项安全检查	节假日名称		
序号	检查项目	检查内容	检查结果	存在问题	处理措施
1	物资准备	1. 生产物资贮备是否充足？是否能保证正常生产？ 2. 应急救援物资是否准备充分？ 3. 各类备用设备是否完好？	是□ 否□ 是□ 否□ 是□ 否□		
2	应急管理	1. 应急预案是否按规定定期组织演练？ 2. 应急救援器材、设备设施是否齐全完好？ 3. 有关人员是否能够保证 24 小时通信畅通？	是□ 否□ 是□ 否□ 是□ 否□		
3	消防管理	1. 消防设备设施、器材是否齐全、随时可用？ 2. 消防通道是否畅通？有无占用堵塞情况？	是□ 否□ 是□ 否□		
4	保卫管理	是否对进出人员进行登记检查？	是□ 否□		
5	劳动纪律	1. 厂区内有无吸烟现象？ 2. 有无酒后上岗现象？ 3. 当班人员有无私自换岗、串岗、脱岗和睡岗情况？	是□ 否□ 是□ 否□ 是□ 否□		
	领导带班	是否制定了节假日领导带班值班表？值班人员电话是否畅通？	是□ 否□		
	其他	集团及大区要求检查的内容是否落实？	是□ 否□		

④重点部位安全检查是对生产过程中影响大、危险性大的作业场所、生产设施等进行的专项安全检查。这些作业场所，生产设施包括但不限于变电所、进水泵房、反应池、加氯间、臭氧制备车间、危险化学品仓库、危险作业现场、工程建设施工现场等。重点部位安全检查表式样见表 2-12。

表 2-12 重点部位安全检查

检查人员				检查时间	
序号	检查项目	检查标准	检查结果	存在的问题	处理措施
1	预处理	1. 护栏是否牢固可靠？救生圈、救援绳是否配备齐全？ 2. 除臭装置密闭良好，有无臭气溢散？	是□ 否□ 是□ 否□		
2	配电室	1. 配电室防小动物、防火等安全措施是否有效，室内温度、通风和应急照明是否良好？ 2. 是否按要求配备了绝缘工具及劳动防护用品，定期进行了检验检测，有无检测报告？ 3. 配电室八项管理制度是否齐全，且上墙？ 4. 灭火器是否配备充足，且在合格有效期内？	是□ 否□ 是□ 否□ 是□ 否□ 是□ 否□		
3	风机房	1. 安全警示标志是否齐全，有无噪声职业病危害告知卡，设置耳塞取用处？ 2. 灭火器是否配备充足，且在合格有效期内？	是□ 否□ 是□ 否□		

检查人员				检查时间	
序号	检查项目	检查标准	检查结果	存在的问题	处理措施
4	机修间	1. 各机修设备安全操作规程规范是否有效且上墙？ 2. 气瓶间距是否符合要求，有无防倾倒措施，阀门及压力表是否齐全有效？ 3. 工器具摆放整齐，设备工具防护装置是否完好？	是□ 否□ 是□ 否□ 是□ 否□		
5	起重机械及吊具	1. 主要受力构件有无明显的连接缺陷、腐蚀、变形和开裂？ 2. 吊钩是否转动灵活表面光洁，无裂缝、剥裂情况？ 3. 钢丝绳有无扭结、压扁、弯折、畸变、断股、绳芯挤出或锈蚀情况？ 4. 吊机安全装置、限位装置是否齐全有效？	是□ 否□ 是□ 否□ 是□ 否□ 是□ 否□		
6	压力容器	1. 外观是否无锈蚀，工作正常？ 2. 压力表、泄压阀等安全附件配备是否齐全，且合格有效？	是□ 否□ 是□ 否□		
7	化验室	1. 化验室废弃液有无指定临时存放点，存放处有无警示标志，防溢流措施是否完善可靠？ 2. 是否配备合格有效的洗眼器？ 3. 易制毒、易制爆等危险化学品是否执行“五双”管理？ 4. 是否配备合格有效的二氧化碳灭火器？	是□ 否□ 是□ 否□ 是□ 否□ 是□ 否□		
8	危险废物存储间	1. 防溢流设施是否安全可靠，存储间内通风良好？ 2. 警示标志是否齐全，出入库记录完整？	是□ 否□ 是□ 否□		
9	加药间	1. 存储和使用部位的防中毒、防喷溅、防泄漏、防静电和防火防爆措施是否齐全有效？ 2. 废弃的化学品包装箱、包装桶、包装袋等是否进行了妥善处理和存放？ 3. 是否合理设置化学品安全技术说明书（MSDS）、安全周知卡及职业病危害告知卡？ 4. 是否配备合格有效的洗眼器？	是□ 否□ 是□ 否□ 是□ 否□ 是□ 否□		
10	加氯间	1. 氯酸钠及盐酸存储是否符合危险化学品存储要求？ 2. 是否配备漏氯报警器，且工作正常？ 3. 现场是否配备防酸碱手套及护目镜，配备合格有效的洗眼器？	是□ 否□ 是□ 否□ 是□ 否□		

3. 综合性安全检查

综合性安全检查是指对安全生产、设备运行、安全防护及其他涉及安全管理等进行全面检查。综合性安全检查记录单式样见表 2-13。

表 2-13　综合性安全检查记录单

编号：

检查单位		检查人员	
受检单位		检查时间	
受检部位		现场负责人	

一、检查出的问题：

二、整改意见：

三、整改落实情况：

责任人：

四、复验意见：

责任人：

三、安全检查频次

一般来说，污水处理厂应每月至少开展一次综合性安全检查，检查由分管安全的领导主持，相关人员参与。污水处理厂还应根据实际生产经营情况、上级或政府有关部门的要求，及时组织开展专业安全检查、季节性安全检查、节假日及特殊时期安全检查；应每周对本公司的重点部位开展一次专项安全检查。

污水处理厂各班组每天进行一次岗位安全检查，形成班组安全检查的详细记录，对每个问题必须提出处理意见。能自行解决的隐患应落实整改，不能自行解决的立即报本公司安全主管部门。

四、安全检查的计划、实施及隐患整改

污水处理厂每年 12 月 31 日前应及时制定下一年度安全检查工作计划，计划检查内容应结合生产现状并满足当地政府规章制度及上级单位各安全管理制度要求。年度安全生产检查计划表式样见表 2-14。

表 2-14　年度安全生产检查计划

序号	检查形式	工作任务	检查时间	参加人员
1	日常安全检查	岗位安全检查	每日 1 次	各班组
2	季节性安全检查	春季防雷、防静电、防触电安全检查	2—3 月	分管安全领导主持，相关人员参与
		夏季汛期防雷、防洪、防雨、防暑安全检查	6—7 月	
		秋季防火安全检查	9—10 月	
		冬季防寒、防冻、防滑安全检查	11—12 月	
3	节假日前安全检查	春节前安全检查	春节前	分管安全领导主持，相关人员参与
		清明节前安全检查	清明节前	
		劳动节前安全检查	劳动节前	
		端午节前安全检查	端午节前	
		中秋节前安全检查	中秋节前	
		国庆节前安全检查	国庆节前	
		元旦节前安全检查	元旦前	
4	重点部位安全检查	对生产过程中影响大、危险性大的作业场所、生产设施等进行专项安全检查	每周 1 次	安全员、相关专业人员
5	综合性安全检查	对本单位安全生产、设备运行及安全防护进行全面检查	每月 1 次	分管安全领导主持，相关人员参与
6	特殊时期安全检查	地方政府、上级单位通知要求开展的安全检查	根据通知要求时间	相关部门及人员参与

安全生产管理负责人指定检查组长，由检查组长明确检查组成员及检查职责分工。检查人员应认真负责，熟悉国家有关法律、法规、标准、规范和集团公司有关制度，具备相应的知识和经验。检查应依据充分、内容具体，按安全检查标准科学、规范地开展检查活动。

每次检查前应制定检查提纲，确定检查目的、重点内容、检查人员以及整理上次检查发现的问题及整改情况。开展安全生产检查时，检查人员应填写《安全检查整改工作单》并存档。在各级安全检查中，发现安全生产违章行为，应立即纠正；对不听劝阻者，检查人员有权令其停止作业，情节严重者，按规定给予处罚。

对各级检查中发现的生产安全隐患，检查人员应如实记录，并将检查结果以《安全检查整改工作单》形式告知受检部门。受检部门签收后，应立即组织隐患问题整改；不能立即整改的，应形成整改方案，明确整改措施、责任人、资金、时限和临时处置措施“五落实”要求。隐患整改方案内容应包括：

①整改目标及任务；

②隐患现状及影响程度；

③整改方法和措施；

④经费和物资；

⑤责任部门与人员；

⑥整改时限与要求；

⑦临时处置措施和应急预案。

检查单位（部门）在接到受检单位（部门）整改回执后应进行整改效果验证，确保整改工作符合要求，形成闭环管理。各级检查组应将检查结果、整改反馈等资料存档备查。隐患整改工作单式样见表 2-15。

表 2-15　隐患整改工作单

编号：

程序	检查及整改	
现场检查	安全隐患问题点：	
整改	接收部门：	接收人：
	限期整改时间：	预计投入金额：　　　　元
	临时处置措施：	
	整改计划（措施）：	
完成情况	完成时间：	
	完成情况： 签字：	
复查	复查情况： 签字：	

五、检查准备

要使安全检查达到预期效果，必须做好充分准备，包括思想上的准备和业务上的准备。

1．思想准备

思想准备主要是发动职工，开展群众性的自检活动，做到群众自检和检查组检查相结合，从而形成自检自改、边检边改的局面。这样，既可提高职工主人翁的思想意识，又可锻炼职工自己发现问题、自己动手解决问题的能力。

2．业务准备

业务准备主要有以下几个方面：

（1）确定检查目的、步骤和方法，抽调检查人员，成立检查组，安排检查日程。为了保证安全检查的效果，必须成立一个适应检查工作需要的检查组，配备适当的力量。安全检查的规模、范围较大时，由生产经营单位领导负责组织安技、工会及有关职能部门领导和专业人员参加，在厂长或总工程师带领下，深入现场，发动群众进行检查；专业性检查，可由生产经营单位领导人指定有关部门领导带队，组成由专业技术人员、安技、工会和有经验的老工人参加的安全检查组。

（2）分析过去几年所发生的各类事故的资料，确定检查重点，以便把精力集中在那些事故多发的部门和岗位上。

（3）运用系统工程原理，设计、印制检查表格，以便按要求逐项检查，做好记录，避免遗漏应检的项目，使安全检查逐步做到系统化、科学化。

安全检查是搞好安全管理、促进安全生产的一种手段，目的是消除事故隐患和不安全因素，实现安全生产。消除事故隐患的关键是及时整改。由于某些原因不能立即整改的隐患，应逐项分析研究，做到“三定四不推”，即定具体负责人、定措施办法、定整改时间；凡是自己能够解决的问题，班组不推给车间，车间不推给厂，厂不推给主管局，主管局不推给上一级。

每一次检查，事前必须有准备、有目的、有计划，要边检查，边整改，及时地总结和推广先进经验。如有限于物质技术条件当时不能解决的问题，也应该制订计划，按期解决，务必做到“条条有着落，件件有交代”。

【任务练习】

1．请列出安全检查的方式。

2．请结合安全检查内容列出污水处理厂的安全检查项目。

3．在进行安全检查前需做哪些准备工作？

（扫码获取参考答案）

任务6　污水处理厂安全生产规章制度编写

【任务目标】

熟悉并了解污水处理厂各项安全生产规章制度；各项规章制度所包含的内容；掌握安全生产规章制度编写的要求。

【知识铺垫】

安全生产规章制度的含义及特点，了解污水处理厂规章制度的种类，编写安全生产规章制度的基本格式。

一、安全生产规章制度的概念

从企业层面来说，安全生产规章制度是指企业根据国家的安全生产方针、政策和法律法规，结合自己的情况和特点，制定并在企业内部发布实行的安全生产行为规范和准则，包括章程、规定、规则、细则、守则、公约、实施办法、操作规程和各项安全生产管理制度与内部监督制度等，是企业的“法规”。企业安全生产规章制度是国家安全生产方针、政策、法律、法规在企业中的延伸和具体化，因此也属于法规性文书或规范性文件的范畴。

污水处理厂安全生产规章制度是指污水处理厂依据国家有关法律法规、国家和行业标准，结合企业的安全生产实际，发布的有关安全生产的规范性文件，一般包括规程、标准、规定、措施、办法、制度、指导意见等。

安全生产规章制度以安全生产法律法规、国家/行业标准、地方法规和标准为依据。污水处理厂安全生产规章制度是一系列法律法规在本单位生产、经营过程中具体贯彻落实的体现。

安全生产规章制度建设的核心就是危险、有害因素的辨识和控制。通过对危险、有害因素的辨识，能提高规章制度建设的目的性和针对性，保障安全生产。同时，污水处理厂要积极借鉴相关事故教训，及时修订和完善规章制度，防范类似事故的重复发生。

二、安全生产规章制度的特点

（1）制约性

安全生产规章制度直接关系到劳动者在生产中的安全和健康，一经发布，在其规定的范围内，任何单位或人员都必须遵照执行，违者将受到批评，或者行政、经济直至法律的处罚。

（2）严密性

安全生产规章制度的每一条款，都应该是具体、明确的，使执行者有法可依、有章可循；同时，应文字严谨，逻辑严密，不能使人产生误解。

（3）条目化

安全生产规章制度都采用条文形式拟写。较长篇幅的可分章节和条款；较短篇幅的只分条款即可，这种写法可使文章条理清晰，使人一目了然。

三、安全生产规章制度的作用

党和国家的安全生产方针、政策、法律、法规要通过规章制度来体现和落实。企业安全生产规章制度是企业各项规章制度中的一个重要组成部分，是搞好安全生产工作、有条不紊地组织生产的基础，是保证劳动者的安全和健康、保证生产活动顺利进行的重要手段。制定和实施安全生产规章制度，可以促进各级领导、各类管理人员和广大劳动者树立“安全第一，预防为主，综合治理”的思想，正确处理安全与生产、安全与管理、安全与经营的关系，使“安全第一，预防为主，综合治理”的方针落实到企业生产经营活动的各个环节，从而实现安全生产状况的稳定运转。安全生产规章制度有如下几点作用：

（1）促使安全生产工作规范化、标准化；

（2）促使安全管理工作制度化、系统化；

（3）帮助人们有效地组织安全生产，处理问题，调整关系。

四、污水处理厂安全生产规章制度

1. 责任管理制度

（1）安全生产责任制制度

安全生产责任制是一项比较特殊的安全生产规章制度，通常将安全生产责任制与安全生产规章制度并列来讲，主要是为了突出安全生产责任制的重要性。安全生产责任制的核心是明晰安全管理的责任，解决“谁来管、管什么、怎么管、承担什么责任”的问题，是污水处理厂其他安全生产规章制度的基础（其他安全生产规章制度解决“干什么、怎么干”的问题）。

（2）安全生产会议管理规定

安全生产会议管理规定主要目的是规范各级安全生产工作会议，及时传达安全生产信息，贯彻各项安全决议及要求，对会议内容、参会部门及人员、会议周期、会议记录等做了具体要求。内容包括会议内容、参会部门及人员、会议周期、会议记录等。

（3）安全生产投入管理规定

安全生产投入管理规定主要目的是建立安全生产投入长效机制，规范本单位安全生产费用预算和使用，内容包括安全生产费用的提取、使用和记录等。

（4）危险有害因素评价管理规定

危险有害因素评价管理规定主要目的是对危险有害因素进行识别并判断其性质，对可能造成的危害、影响提前进行预防，以确保生产的安全、稳定。主要内容包括危险有害因素的辨识、评估和分级管控等。

（5）安全生产检查管理规定

安全生产检查管理规定主要目的是及时发现污水处理厂生产运行过程中存在的问题并推动整改，主要内容包括检查方式、检查内容、检查频次、参与人员、隐患整改、记录存档等。

（6）生产安全事故隐患排查治理管理规定

生产安全事故隐患排查治理管理规定主要目的是规范隐患整改，防范生产安全事故发生，主要内容包括隐患分级、隐患排查范围、隐患整改要求及隐患报告等。

（7）相关方安全管理制度

相关方安全管理制度主要目的是落实对外包工程、外委劳务用工等的安全监督管理责任，规范外委相关方的安全管理，主要内容包括发包工程条件、相关资质审查、各方安全责任、安全协议、安全交底、现场安全检查与隐患整改等。

（8）危险物品安全管理规定

本制度主要目的是规范危险物品安全管理，防止发生危险物品事故，主要内容包括本单位存在的危险品名称、种类、危险性，危险物品的采购、使用、存储管理，应急管理等。

（9）消防安全管理规定

本制度主要目的是规范消防安全管理工作，预防火灾和减少火灾危害，保障员工生命及财产安全，主要内容包括消防安全管理的原则、组织机构、现场应急处置原则和程序、消防设施器材的配置和使用、定期防火检查及防火演练等。

（10）车辆及交通安全管理规定

本制度主要目的是规范车辆及交通安全管理，预防和减少交通事故，主要内容包括车辆的检查维护保养、驾驶员学习培训等。

（11）生产安全事故报告与调查处理管理规定

本制度主要目的是规范本单位生产安全事故的分类、分级及事故的报告、调查、处理与统计，采取预防措施，防止同类事故的再次发生，主要内容包括本单位内部事故标准、报告程序、现场应急处置、现场保护、资料收集、事故调查、调查报告编写上报等。

（12）生产安全事故应急预案管理规定

本制度主要目的是预防和减少生产安全事故的发生，规范生产安全事故应急预案体系建设和管理，主要内容包括本单位的应急管理组织架构，预案的编制、发布、演练和培训等。

（13）安全奖惩管理规定

本制度主要目的是规范安全生产奖惩机制，促进各运营公司加强安全管理，主要内容包括安全奖惩的原则、奖惩的种类和额度等。

2．人员安全管理制度

（1）安全教育培训管理规定

本制度主要目的是提高全体员工安全意识、安全知识水平和安全能力，保证安全教育培训工作有序进行，主要内容包括本单位各类人员参加的培训类型、培训内容、培训时间、考核标准和培训记录等。

（2）劳动防护用品管理规定

本制度主要目的是规范劳动防护用品的配备、发放、使用和管理，切实保障员工在生产工作过程中的健康和安全，主要内容包括劳动防护用品的采购、发放、使用、维护保养、检查和定期检验等。

（3）危险作业安全管理规定

本制度主要目的是规范高处作业、起重吊装和动土等危险作业行为，防止各类危险作业生产安全事故的发生，切实保障员工生命安全，主要内容包括危险作业的类型、安全措施要求、作业程序、人员安全交底、作业审批等。

（4）职业卫生管理规定

本制度主要目的是规范职业卫生管理工作，有效预防、控制和消除职业病危害，保障员工健康及其相关权益，主要内容包括本单位职业禁忌的岗位名称、定期职业健康检查的内容、告知和公示要求、档案建立等。

（5）安全工器具的使用管理制度

主要内容包括本单位安全工器具的种类、使用方法、维护保养要求、检查标准、定期检验要求等。

3．设备设施安全管理制度

（1）“三同时”管理制度

主要内容包括本单位新建、改建、扩建项目的“三同时”的组织审查、验收、备案等程序。

（2）定期维护保养制度

主要内容包括本单位所有设备、设备的维保周期、维保范围、维保标准等。

（3）定期检测、检验制度

主要内容包括本单位需要进行定期检测检验的设备种类、检验周期、负责人、检验证明的保存等。

（4）特种设备管理制度

主要内容包括本单位特种设备的类别、数量，特种设备的保养、定期检验，特种设备作业人员的管理等。

4．环境安全管理制度

（1）安全警示标志标识管理制度

主要内容包括本单位生产现场应设置的安全警示标志的地点、类别、名称、数量，设置要求，安全警示标志定期检查等。

（2）职业病危害因素管理制度

主要内容包括本单位存在的职业病危害因素种类、场所，职业病危害因素的检测要求，采取的管控措施等。

五、污水处理厂安全生产规章制度编写

1．标题

一般有两种写法：

（1）完全式标题

即标题的三要素齐全：单位名称＋事项＋文种。

（2）两项式标题

即标题只有两要素。一种是事项＋文书的组合；一种是文书制发单位＋文书的组合。

题注是在标题之下用小括号注明发布单位和发布日期，由什么会议通过的，还应注明会议名称和通过日期。

2．正文

（1）前言

前言一般是写制定本规章制度的依据、目的、宗旨、背景、基本原则、意义、要求等。如果是分章条来写的规章制度，前言可以单列一章，称“总则”；如果是分条来写的规章制度，一般第一条是前言。前言还可以用在条款之前，单独成段。

（2）主体

主体是规章制度的重点，可根据规章制度的内容、涉及范围的大小而定。如果内容较多，涉及面广，就可以分章分条来写；如果内容较少涉及面窄，就可以分条来写。

（3）结尾

结尾主要是对所制定的规章制度做补充说明，即说明本规章的适用范围、适应对象、生效日期、有效期限或与其他相关的规章制度间的关系等。

规章制度的结尾与其他应用文不太一样，它往往不是单独成段，而是以条款的形式出现。如果是分章分条分款的，结尾往往是另设一章，称附文或附则；如果是分条的，结尾往往是最后一条、两条或几条。

3．落款

规章制度的标题如果有发文单位，题注又有发文时间，此处可不再写落款。如果标题未写发文单位，也未写题注的，此处应写明发文单位和发文时间。

4．注意事项

①要与国家安全生产的法律法规保持协调一致，应该有利于法律法规的贯彻落实。不能与法律法规相违背，相违背的规章制度是违法的，是应该纠正的。政府部门制定的安全生产规章制度属于规范性公文，要履行备案审查制。

②要广泛吸取国内外安全生产、安全管理的经验，并密切结合自身实际情况，力求使之具有先进性、科学性和可行性。

③要涵盖安全生产的各个方面，形成体系，避免死角和漏洞。

④一经制定，不应随意改动，以保持相对的稳定性；但也要注意总结实践经验，及时修订完善。

⑤随着国家政治经济形势的发展变化，企事业单位的经济、技术会不断出现新的情况，发生新的变化，要据此及时地修改、补充甚至制定新的安全生产规章制度，以保持其健全和有效。

【任务练习】

（扫码获取参考答案）

1. 编制污水处理厂的安全生产规定有什么意义？
2. 污水处理厂一般需要哪些安全生产规定？
3. 安全生产规定有哪些特点？
4. 请根据以下某污水处理厂的安全教育培训规定，指出它的各要素。

××污水处理厂安全教育培训规定

第一章　总　则

第一条　为规范运营项目职工安全教育培训工作，提高职工安全素质，防止和减少各类事故及职业危害，保障员工和项目财产安全，根据上级有关规定，制定本规定。

第二条　本规定适用于各运营项目、与各运营项目形成劳动关系的人员、进入项目的外来参观和实习人员。

第三条　运营项目组织开展经常性的安全教育，建立健全相应的安全教育制度，宣传普及安全知识。

第四条　安全员负责安全教育工作的实施指导、检查和监督。

第二章　员工安全教育

第五条　所有新职工上岗前应接受三级安全教育，考试合格后方可上岗。三级安全培训时间不得少于72学时，每年接受再培训的时间不得少于20学时。

一级安全教育时间不得少于24学时，安全教育的主要内容有：

1. 本单位安全生产情况及安全生产基本知识；
2. 本单位安全生产规章制度和劳动纪律；
3. 从业人员安全生产权利和义务；
4. 有关事故案例等；

5. 事故应急救援、事故应急预案演练及防范措施；

6. 与安全相关的法律法规的学习。

二级安全教育时间不得少于24学时，安全教育的主要内容有：

1. 工作环境及危险因素；

2. 所从事工种可能遭受的职业伤害和伤亡事故；

3. 所从事工种的安全职责、操作技能及强制性标准；

4. 自救互救、急救方法、疏散和现场紧急情况的处理；

5. 安全设备设施、个人防护用品的使用和维护；

6. 本车间安全生产状况及规章制度；

7. 预防事故和职业危害的措施及应注意的安全事项；

8. 有关事故案例；

9. 其他需要培训的内容。

三级安全教育时间不得少于24学时，安全教育的主要内容有：

1. 岗位安全操作规程；

2. 岗位之间工作衔接配合的安全与职业卫生事项；

3. 有关事故案例；

4. 其他需要培训的内容。

第六条　在新工艺、新技术、新装置、新产品投产前，项目负责人应组织编制新的安全技术操作规程，并进行专门培训。有关人员经考试合格，方可上岗操作。

第三章　日常安全教育

第七条　运营项目应开展以项目为单位的安全活动。安全活动应有针对性、科学性，做到经常化、制度化、规范化，防止流于形式和走过场。运营项目安全活动应做到有领导、有计划、有内容、有记录，不得弄虚作假。

第四章　其他人员的安全教育

第八条　季节性临时工的安全教育时间不应少于8学时，内容为项目岗位特点、入岗须知、所从事工作的性质、安全注意事项和事故教训、有关的安全规章制度等。

第九条　外来施工人员的安全教育，按《承包商管理制度》执行，建立《承包商安全教育管理档案》。

第十条　参观人员的安全教育，由运营项目负责人负责，内容为本项目的有关安全规定及安全注意事项。

第五章　组织管理

第十一条　班组负责人，对本班组的安全教育工作负责。

第十二条　安全教育工作应纳入本运营项目教育培训年度计划和中长期规划，应保证所需人员、资金和物资。

第十三条　应建立健全《职工安全教育管理档案》并实行分级管理。

第十四条　对认真开展安全教育并在防止伤亡事故、减少职业危害方面做出成绩的项目和项目负责人，应予以表彰和奖励。

第十五条　对未按本规定要求进行安全教育的运营项目进行处罚，安全教育不到位造成事故的，应追究有关负责人的责任。

第十六条　本规定由废水运营负责解释。

第十七条　本规定自公布之日起施行。

任务 7　安全标志标识

【任务目标】

了解安全标志标识管理的一般要求；掌握安全色及安全标志的种类及含义；知晓安全标志设置的原则及方式；熟悉常见的环境标识牌。

【知识铺垫】

一、安全标志标识管理

1．安全标志标识管理要求

（1）标志牌的衬边

安全标志牌要有衬边。除警告标志边框用黄色勾边外，其余全部用白色将边框勾一窄边，即为安全标志的衬边，衬边宽度为标志边长或直径的 0.025 倍。

（2）标志牌的材质

安全标志牌应采用坚固耐用的材料制作，一般不宜使用遇水变形、变质或易燃的材料。有触电危险的作业场所应使用绝缘材料。

（3）标志牌表面质量

标志牌应图形清楚，无毛刺、孔洞和影响使用的任何瑕疵。

2. 安全标志标识使用要求

①标志牌应设在与安全有关的醒目地方，并预设足够的时间来注意它所表示的内容。环境信息标志宜设在有关场所的入口处和醒目处；局部信息标志应设在所涉及的相应危险地点或设备（部件）附近的醒目处。

②标志牌不应设在门、窗、架等可移动的物体上，以免标志牌随母体物体相应移动，影响认读。标志牌前不得放置妨碍认读的障碍物。

③标志牌的平面与视线夹角应接近 90°，观察者位于最大观察距离时，最小夹角不低于 75°。

④标志牌应设置在明亮的环境中。

⑤多个标志牌在一起设置时，应按警告、禁止、指令、提示类型的顺序，先左后右、先上后下地排列。

⑥标志牌的固定方式有附着式、悬挂式和柱式三种。悬挂式和附着式的固定应稳固不倾斜，柱式的标志牌和支架应牢固地连接在一起。

二、安全色和安全标志

安全色是用来表述禁止、警告、指令、提示等安全信息含义的颜色，红、黄、蓝、绿 4 种颜色为安全色，红色表示禁止、停止；黄色表示警告、注意；蓝色表示指令，必须遵守的规定；绿色表示提示安全。同时规定安全色保持在一定的颜色色差范围内，不能褪色、变色或被污染，以免与其他颜色混淆，产生误认。

安全标志是由安全色、几何图形和图形符号构成的、用以表达特定安全信息的标记。安全标志的作用是引起人们对不安全因素的注意，预防发生事故。安全标志分为禁止标志、警告标志、指令标志和提示标志 4 类（图 2-10）。

禁止攀登（禁止标志）　注意安全（警告标志）　必须戴防护手套（指令标志）　绿色通道（提示标志）

图 2-10　安全标志示例

（1）禁止标志

在不准或制止人们的某种行为的场所必须设置禁止标志。其含义是禁止人们进行不安全行为。其基本形式是带斜杠的圆边框，白底红字。

（2）警告标志

在提示注意可能发生危险的场所必须设置警告标志。其含义是提醒人们对周围环境引起注意，以避免可能发生的危险。其基本形式为正三角形边框，黄底黑字。

（3）指令标志

在必须遵守的场所必须设置指令标志。其含义是强制人们必须作出某种动作或采取防范措施。其基本形式为圆形边框，蓝底白字。

（4）提示标志

在示意目标方向的场所必须设置提示标志。其含义是向人们提供某种信息（如表明安全设施或场所）。其基本形式为正方形边框，绿底白字。

三、安全警示标志设置原则

安全标识牌的安装顺序应该按照警告、禁止、指示、提示顺序，从左至右、从上到下的排列方式安装，这样才能具备最好的识别性，最整齐规范的视觉效果。

①安全警示标志应能够起到提示、提醒的目的，安全警示标识应设置在醒目的地方和它所指示的目标物附近（如易燃、易爆、有毒、高压等危险场所），使进入现场人员易于识别，引起警惕，预防事故的发生。

②在设置安全警示标志的同时，根据公共场所和生产环境的不同，设置相应的公共信息标志，如紧急出口、注意安全等。

③安全警示标志的设置要与环境相协调，应设置在醒目的地方，并保证其有足够的亮度和照明；有灯光的，其照明不应是有色光。

④安全警示标志的设置应避免滥设和不规范使用，在同一地域内，要避免设置内容相互矛盾和内容相近的标志。用适量的标志达到提醒人们注意安全的目的，设置图形符号必须符合国家标准的规定。

⑤安全警示标志设置应牢固可靠，不宜设在门窗等可移动的物体上，不得妨碍正常作业和避免造成新的隐患。

四、安全警示标志的设置方式

安全标志标识牌设置主要采用附着式、悬挂式和柱式。

（1）附着式：将标志直接附着在建筑物等设施上。

（2）悬挂式：将标志悬挂在固定牢靠的物体上。

（3）柱式：将标志固定在柱杆上。

标志牌设置的高度，应尽量与人眼的视线高度相一致。悬挂式和柱式的环境信息标志牌的下缘距地面的高度不宜小于 2 m；局部信息标志的设置高度应视具体情况确定。

五、常见的环境保护图形标志

1. 基本要求

（1）环保标志图形颜色及装置颜色

①提示标志：底和立柱为绿色，图案、边框、支架和文字为白色；

②警告标志：底和立柱为黄色，图案、边框、支架和文字为黑色。

（2）辅助标志内容

①排放口标志名称；

②单位名称；

③编号；

④污染物种类；

⑤××环境保护局监制。

（3）辅助标志字形

黑体字。

（4）标志牌尺寸

1）平面固定式标志牌外形尺寸

①提示标志：480 mm×300 mm；

②警告标志：边长 420 mm。

2）立式固定式标志牌外形尺寸

①提示标志：420 mm×420 mm；

②警告标志：边长 560 mm；

③高度：标志牌最上端距地面 2 m 地下 0.3 m。

（5）标志牌材料

①标志牌采用 1.5～2 mm 冷轧钢板；

②立柱采用 38 mm×4 mm 无缝钢管；

③表面采用搪瓷或者反光贴膜。

（6）标志牌的表面处理

①搪瓷处理或贴膜处理；

②标志牌的端面及立柱要经过防腐处理。

（7）标志牌的外观质量要求

①标志牌、立柱无明显变形；

②标志牌表面无气泡，膜或搪瓷无脱落；

③图案清晰，色泽一致，不得有明显缺损；

④标志牌的表面不应有开裂、脱落及其他破损。

环境保护图形标志牌应设置距离污染物排放口（源）较近且醒目处，并能长久保留。在一般性污染物排放口（源），设置提示性环境保护图形标志牌，见图 2-11。要求设置高度为环境保护图形标志牌上缘距离地面 2 m，见图 2-12。根据现场具体情况，选用立式或平面固定式。在排放剧毒、致癌物及对人体有严重危害物质的排放口（源）或危险废物贮存（处置）场，设置警告性环境保护图形标志牌，见图 2-13。常用的警告标志标识见表 2-16，根据现场具体情况，选用立式或平面固定式。

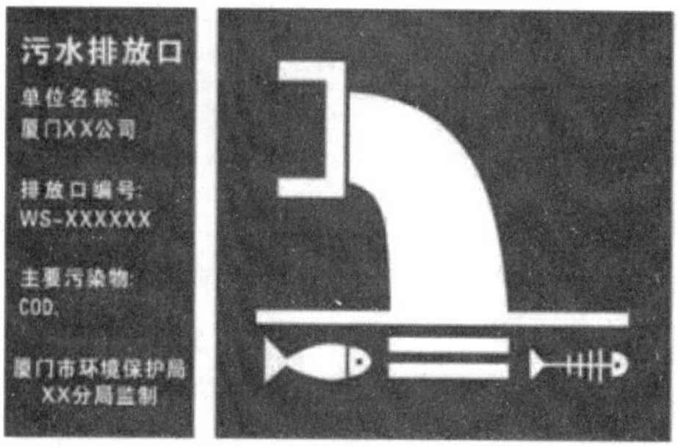

图 2-11　平面固定式污水排放口

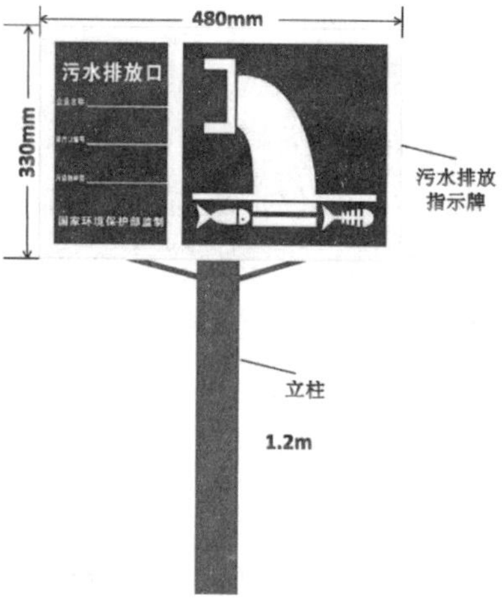

图 2-12　立式废水排污口标志

表 2-16　警告提示标志的区别

类型	形状	背景颜色	图形颜色
警告标志	三角形边框	黄色	黑色
提示标志	正方形边框	绿色	白色

标志牌必须保持清晰、完整。当发现形象损坏、颜色污染或有变化、褪色等不符合本标准的情况时，应及时修复或更换。检查时间至少每年 1 次。

2．排污口规范化建设

（1）排污口应符合“一明显，二合理，三便于”的要求，即环保标志明显；排污口设置合理，排污去向合理；便于采集样品、便于监测计算、便于公众参与监督管理。

（2）经规范化整治的排污口，必须按照《〈环境保护图形标志〉实施细则（试行）》（国家环境保护局环监〔1996〕463 号）的规定，设置与排污口相应的环境保护图形标志牌。

（3）对于不符合规定的排污口，视同污染防治设施没有达到国家规定的要求，由环保部门按照管理权限下达限期整治通知。逾期未完成的，按环保法律、法规中关于污染防治设施监督管理的有关规定，予以处罚。

（4）建设项目需设置排污口，必须经负责审批《环境影响报告书（表）》的环保部门审查批准。凡需在水利工程管理范围内设置废水排污口的建设单位，还应当向水行政主管部门提出申请，办理报批手续。环保部门在对环境影响报告书（表）审批时，必须明确允许设置排污口的数量、位置和规范化建设要求，并作为环保设施竣工验收的重要内容之一。

（5）未经环保部门许可，任何单位和个人不得擅自设置、移动和扩大排污口，有下列情况之一必须变更时，须履行排污变更申报登记手续，更换标志牌和更改登记注册内容。

①排放主要污染物种类发生变化的；

②位置发生变化的；

③须拆除或闲置的；

④须增加、调整、改造或更新的。

环保部门应在接到报告之日起 15 日内予以批复，逾期不批复，视为同意。

（6）排污单位要根据国家和省环境保护档案管理的有关规定，建立排污口基础资料档案和监督检查档案。

（7）排污口有关建筑物及其监测计量装置、仪器设备和环保图形标志牌等都属环境保护设施，排污单位应将其纳入生产经营管理体系，建立维护保养制度。各地环保部门应按照环境保护设施监督管理规定，加强现场日常监督管理。

【任务目标】

1．安全标志的主要构成及分类是什么？

2．设置安全警示标志时有哪些注意事项？

任务 8　劳动防护用品管理

【任务目标】

了解劳动防护用品的含义；熟悉劳动防护用品的种类；能正确佩戴各种个体防护用品；掌握劳动防护用品的管理要求。

【知识铺垫】

劳动防护用品是为使员工在职业活动过程中免遭或减轻事故和职业危害因素的伤害所穿（佩）戴和使用的物品的总称，如安全帽、工作服、口罩、护目镜、耳塞、防护手套、防护服、防护鞋、长管式呼吸器、气体检测仪等，由单位无偿提供给个人使用，是保障员工安全和健康的一种预防性辅助措施，不是生活福利待遇。

一、劳动防护用品的选用

污水处理厂应组织生产、安全等管理部门的人员以及其他相关人员对本单位进行全面的危险、有害因素辨识，识别作业过程中的潜在危险、有害因素，确定进行各种作业时危险、有害因素的存在形态、分布情况等，并为作业人员选择配备相应的劳动防护用品；且所选用的劳动防护用品的防护性能应与作业环境存在的风险相适应，能满足作业安全的要求。劳动防护用品的选择流程见图 2-13。

二、常用劳动防护用品的类型

按照防护部位的不同，可将劳动防护用品分为以下几类：头部防护用品、呼吸器官防护用品、眼（面）部防护用品、听觉器官防护用品、手部防护用品、足部防护用品、躯干防护用品及坠落防护用品。

污水处理厂常用劳动防护用品及防护性能说明见表 2-17。

1. 头部防护用品

头部防护用品的主要作用是保护头部避免或减轻外来物的打击、穿刺、挤压等伤害，污水处理厂常见头部防护用品为安全帽（图 2-14）。安全帽的选用应符合《头部防护　安全帽》（GB 2811—2019）、《安全帽生产与使用管理规范》（Q/SY 1129—2011）的要求。

根据目视化管理要求，管理人员及外来参观访问人员一般佩戴白色安全帽，其他人员佩戴红色安全帽，外来施工人员佩戴黄色或其他颜色安全帽。

2. 呼吸器官防护用品

呼吸器官防护用品的主要作用是保护人员免受有毒有害气体、蒸汽、粉尘、烟雾等经呼吸道侵害人体，或者向使用者提供新鲜空气，确保作业人员在有毒有害气体环境中正常呼吸的防护用具。

污水处理厂常见呼吸器官防护用品有防尘口罩、过滤式防毒面罩、主动送风式长管呼吸器、正压式空气呼吸器（图 2-15～图 2-18）。一般来说，在开展产生烟尘的作业时佩戴普通防尘口罩；开展油漆粉刷、喷涂作业时选用过滤式防毒面罩，在使用过滤式防毒面罩时，注意滤毒盒型号的正确选择；开展有限空间作业及其他有毒有害环境作业时，应全过程佩戴主动送风式长管呼吸器，送风风机须置于上风向洁净空气中；开展有限空间作业中毒事故应急救援时，救援人员必须根据事故应急预案要求，佩戴正压式空气呼吸器进入有限空间，开展应急救援工作。

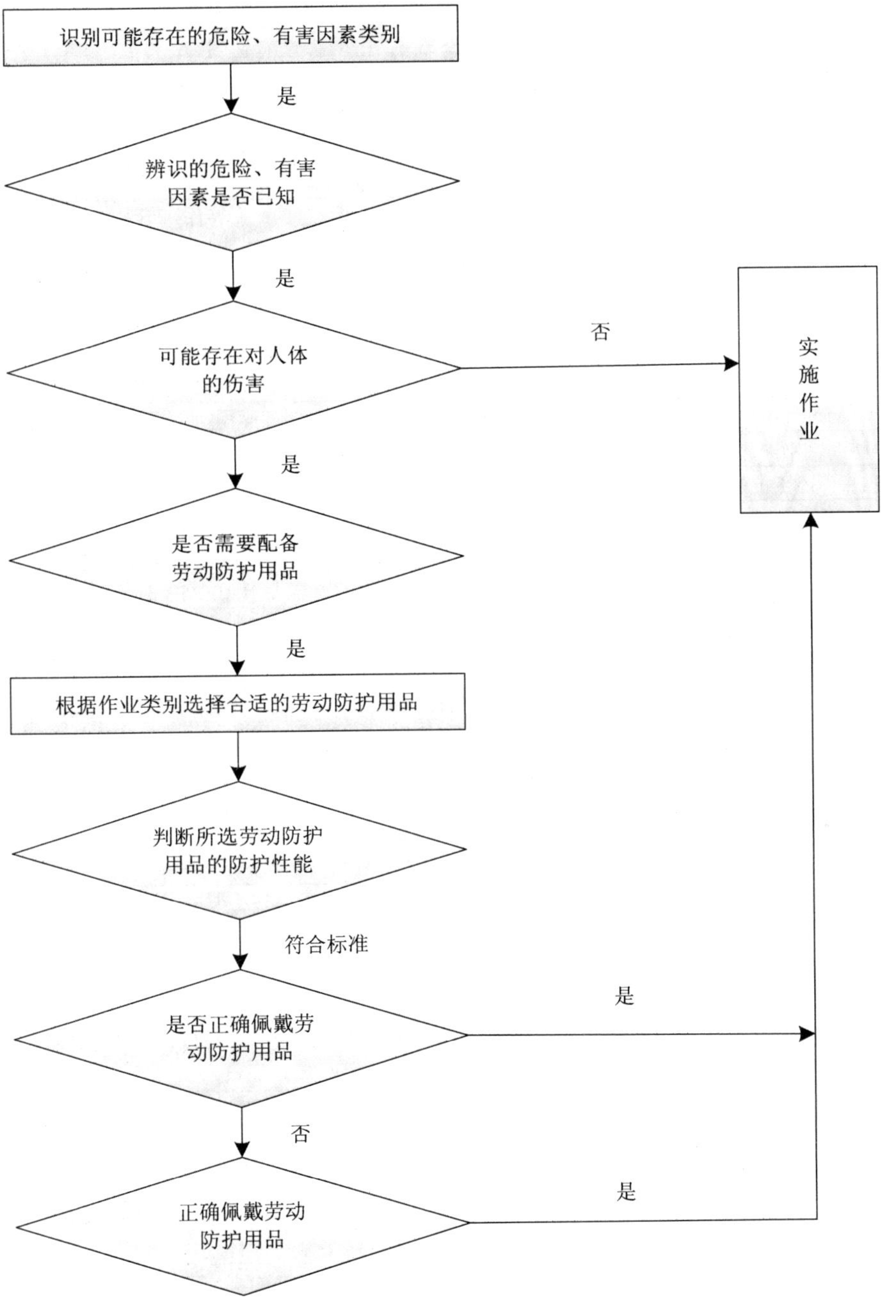

图2-13　劳动防护用品选择流程

表 2-17　污水处理厂常用劳动防护用品及防护性能说明

种类	名称	防护性能说明
头部防护用品	安全帽	防御物体对头部造成冲击、刺穿、挤压等伤害
呼吸器官防护用品	防尘口罩	用于空气中含氧 19.5%以上的粉尘作业环境，防止吸入一般性粉尘，防御颗粒物等危害呼吸系统或眼（面）部
	过滤式防毒面罩	利用净化部件的吸附、吸收、催化或过滤等作用除去环境空气中有害物质后作为气源的防护用品
	长管式防毒面具	使佩戴者呼吸器官与周围空气隔绝，并通过长管得到清洁空气供呼吸的防护用品
	正压式空气呼吸器	防止吸入对人体有害的毒气、烟雾、悬浮于空气中的有害污染物或在缺氧环境中使用
眼（面）部防护用品	防冲击护目镜	防御铁屑、灰砂、碎石对眼部产生的伤害
	防腐蚀液眼镜/面罩	防御酸、碱等有腐蚀性化学液体飞溅对人眼/面部产生的伤害
	焊接面罩	防御有害弧光、熔融金属飞溅或粉尘等有害因素对眼睛、面部的伤害
听觉器官防护用品	耳塞	防护暴露在强噪声环境中的工作人员的听力受到损伤
	耳罩	适用于暴露在强噪声环境中的工作人员，以保护听觉、避免噪声过度刺激，在不适合戴耳塞时使用。一般在噪声大于 100 dB 时使用
手部防护用品	普通防护手套	防御摩擦和脏污等普通伤害
	防化学品手套	具有防毒性能，防御有毒物质伤害手部
	防静电手套	防止静电积聚引起的伤害
	耐酸碱手套	接触酸碱时戴用，免受酸碱伤害
	防机械伤害手套	保护手部免受磨损、切割、刺穿等机械伤害
	隔热手套	防御手部免受过热或过冷伤害
	绝缘手套	使作业人员的手部与带电物体绝缘，免受电流伤害
	焊接手套	防御焊接作业的火花、熔融金属、高温金属辐射对手部的伤害
足部防护用品	防砸鞋	保护脚趾免受冲击或挤压伤害
	防刺穿鞋	保护脚底，防足底刺伤
	防水胶靴	防水、防滑和耐磨的胶鞋
	防寒鞋	鞋体结构与材料都具有防寒保暖作用，防止脚部冻伤
	耐酸碱鞋	在有酸碱及相关化学品作业中穿用，由各种材料或复合型材料做成，保护足部，防止化学品飞溅所带来的伤害
	绝缘鞋	在电气设备上工作时作为辅助安全用具，防触电伤害
	焊接防护鞋	防御焊接作业的火花、熔融金属、高温辐射对足部的伤害
躯干防护用品	一般防护服	以织物为面料，采用缝制工艺制成，起一般性防护作用
	防静电服	能及时消除本身静电积聚危害，用于可能引发电击、火灾及爆炸危险场所穿用
	化学品防护服	防止危险化学品的飞溅和与人体接触对人体造成的伤害
	防酸碱服	从事酸碱作业人员穿用，具有防酸碱性能
	焊接防护服	用于焊接作业，防止作业人员遭受熔融金属飞溅及其热伤害
	防水服（雨衣）	以防水橡胶涂覆织物为面料防御水透过和漏入
坠落防护用品	安全带	用于高处作业、攀登及悬吊作业，保护对象为体重及负重之和不超过 100 kg 的使用者，可以减小高处坠落时产生的冲击力，防止坠落者与地面或其他障碍物碰撞，有效控制整个坠落距离
	安全网	用来防止人、物坠落，或用来避免、减轻坠落物及物击伤害

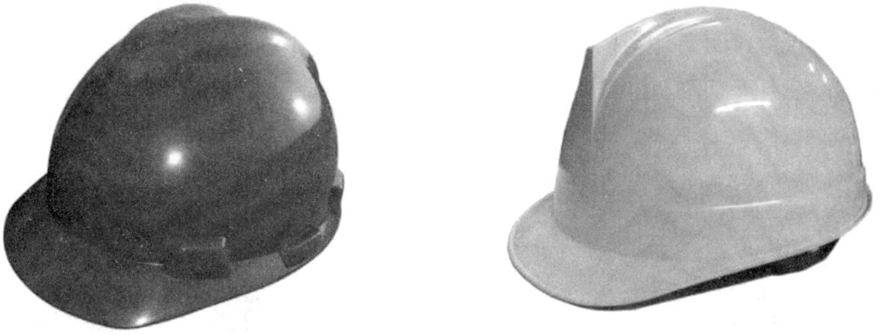

图 2-14　安全帽

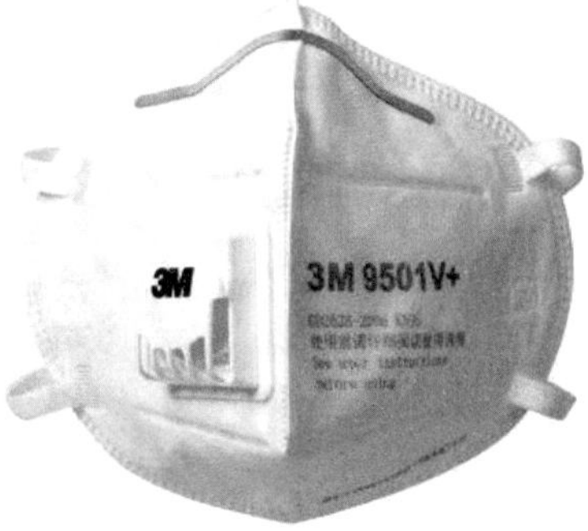

图 2-15　防尘口罩

图 2-16　过滤式防毒面罩

图 2-17　主动送风式长管呼吸器

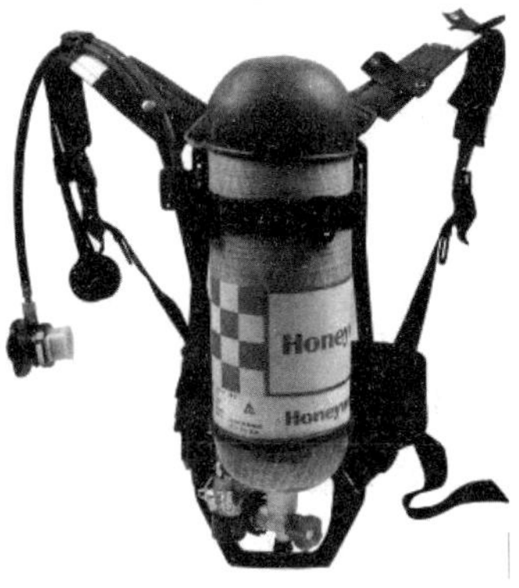

图 2-18　正压式空气呼吸器

3. 眼（面）部防护用品

眼（面）部防护用品的主要作用是保护作业人员的眼睛及面部免受颗粒物、飞屑、化学药品飞溅物、辐射等危险有害因素的个人劳动防护用品。

污水处理厂常见眼（面）部防护用品有焊接面罩、防冲击面罩、防冲击护目镜、防化学液体飞溅护目镜等（图 2-19～图 2-22）。要求在开展焊接作业时必须佩戴焊接面罩对眼（面）部进行防护；在开展切割、维修等可能产生飞屑的作业时，必须佩戴防冲击面罩或防冲击护目镜；开展水样化验、危险化学品、危险化学品废液操作时，必须佩戴防化学液体飞溅护目镜。

图 2-19　焊接面罩

图 2-20　防冲击面罩

图 2-21　防冲击护目镜

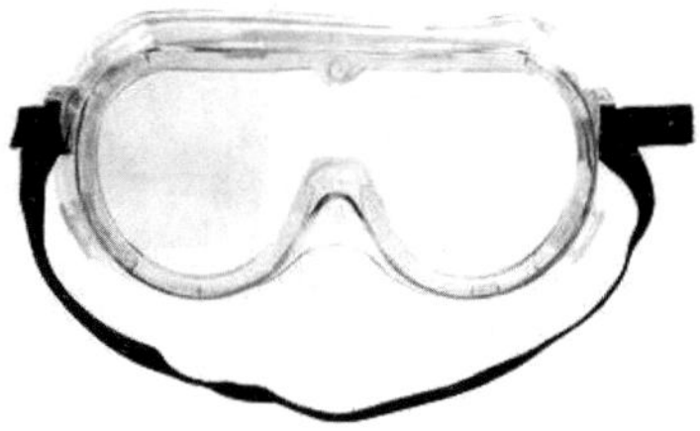

图 2-22　防化学液体飞溅护目镜

4. 听觉器官防护用品

听觉器官防护用品的主要作用是保护作业人免受过量噪声刺激，减少听力损失，预防由噪声引起的不良影响的个人劳动防护用品。

污水处理厂常见听觉器官防护用品有耳罩（图 2-23）和耳塞（图 2-24），要求在进入噪声大于 80 dB 的风机房或开展金属切割等高噪声作业时佩戴。

5. 手部防护用品

手部防护用品的主要作用是保护作业人的手和手臂，供作业人穿戴的手套。污水处理厂常见手部防护用品有一般工作手套、绝缘手套、防化学品手套、防割手套等（图 2-25～图 2-28）。一般开展运行、维修等日常作业时需要佩戴一般工作手套；开展高低压电工作业时需要佩戴相应绝缘等级的绝缘手套；操作盐酸、氯酸钠等危险化学品以及危险化学品废物时必须佩戴防化学品手套；开展可能存在锋利边缘，有割伤风险时必须佩戴防割手套。

图 2-23　折叠式耳罩

图 2-24　一次性耳塞

图 2-25　一般工作手套

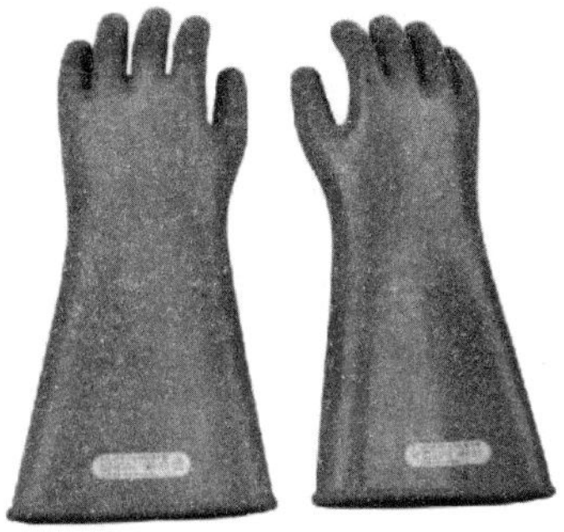

图 2-26　绝缘手套

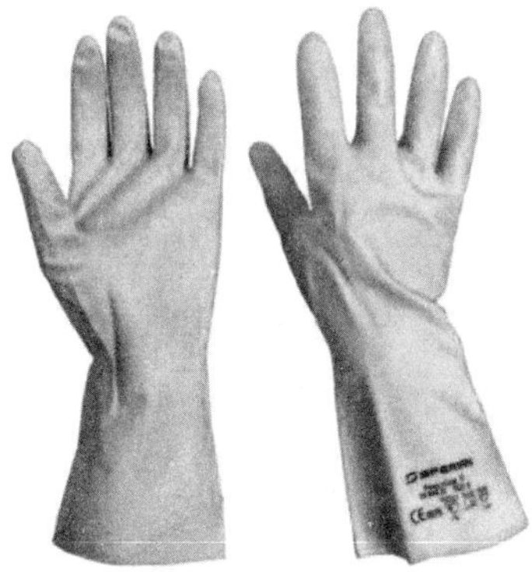

图 2-27　防酸碱手套

图 2-28　防割手套

6．足部防护用品

足部防护用品的主要作用是保护作业人免受有毒有害物质或能量损害，保护劳动者足部的个人劳动防护用品。

污水处理厂常见足部防护用品有电绝缘靴、防砸安全鞋、防滑安全鞋等（图 2-29、

图 2-30）。电绝缘靴主要用于高压电工作业作为辅助安全用具，在 1 kV 以下可作为基本安全用具；在开展设备维修等可能存在重物掉落、挤压等伤害时必须穿戴防砸安全鞋。

图 2-29　电绝缘靴

图 2-30　防砸安全鞋

7．躯干防护用品

躯干防护用品即通常所说的防护服，污水处理厂常见防护服有一般防护服、防酸碱服、焊接防护服、防水服等（图 2-31、图 2-32）。一般防护服通常指着装的工作服；在开展部分危险化学品作业或应急处置危化品泄漏时必须使用防酸碱服；开展焊接作业或有火花产生的打磨作业时必须使用焊工服；开展清淤作业时需使用防水服。

图 2-31　焊接防护服

图 2-32　防酸碱服

8．坠落防护用品

坠落防护用品是指防止高处作业坠落或高处坠物伤害的防护用品，污水处理厂常见坠落防护用品有防坠速差器和五点式安全带（图 2-33、图 2-34）。在人员上下井（深度≥2 m）或攀登高处（高度≥2 m）时需使用防坠速差器，开展高处作业时需全程穿戴五点式安全带。

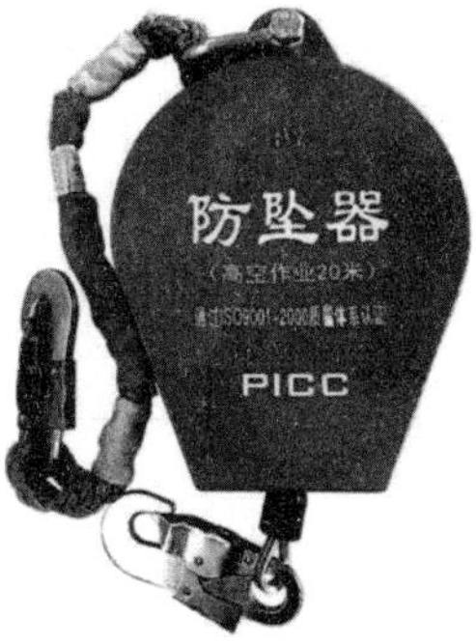

图 2-33　防坠速差器

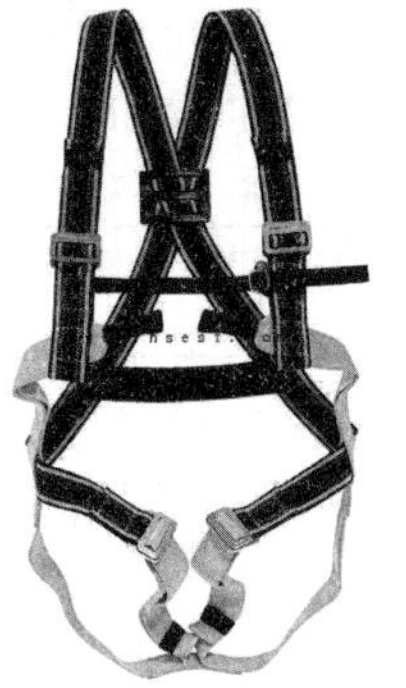

图 2-34　五点式安全带

三、劳动防护用品的管理要求

1．劳动防护用品的配备

污水处理厂应保证配备劳动防护用品的费用，并纳入年度预算，根据本单位的《劳动防护用品配备及发放周期参考表》（表 2-18），结合员工作业方式和工作条件，并考虑其个人特点及劳动强度，合理选择并发放防护功能和效果适用的劳动防护用品。污水处理厂还应在可能发生急性职业损伤的有毒、有害工作场所配备应急劳动防护用品，放置于现场邻近位置并设置醒目标识。

污水处理厂使用的劳务派遣工、接纳的实习学生应当纳入本单位的统一安全管理，并配备相应的劳动防护用品。外部施工单位应当为其作业人员配备符合本规范要求的个人防护用品，否则不得入场作业。

2．劳动防护用品的使用、维护及检查

污水处理厂对员工组织劳动防护用品的使用、维护等专业知识的培训和应急演练，监督员工在使用劳动防护用品前进行检查，确保劳动防护用品外观完好、部件齐全、功能正常。污水处理厂劳动防护用品检查记录如表 2-19 所示。

员工对发放给个人的劳动防护用品要规范使用、妥善保管并定期维护保养，对工作过程中损坏的个人劳动防护用品，应及时联系相关部门给予更换。员工离职时，应交还其已领用的个人劳动防护用品，统一处理。

表 2-18 劳动防护用品配备及发放周期参考表

类别	强制配备劳保品					根据工种可选择配备劳保品																
防护用品类别 / 使用期限/月 / 工种/人员	安全帽	防护服	安全鞋	普通劳保手套	反光背心	防寒服	雨衣	防冲击护目镜	防腐蚀液护目镜	焊接面罩	耳塞（耳罩）	焊接防护服	防酸碱胶靴	绝缘靴	绝缘服	绝缘手套	焊接手套	耐酸碱手套	防割刺手套	防尘口罩	全身式安全带	安全绳
安装起重工	30	24	24	*n*			48															
低压电工	30	24	24	*n*		48	48	12						12	*n*	*n*						
高压电工	30	24	24	*n*		48	48	12						12	*n*	*n*						
焊接与热切割工	30	24	24	*n*		48				*n*		*n*					*n*			*n*		
泵站操作工	30	24	24	*n*		48	48				*n*											
污水处理操作工	30	24	24	*n*		48	48						*n*					*n*				
化验员	30	24	24	*n*					6									*n*				
污泥处理操作工	30	24	24	*n*		48	48						*n*					*n*				
污泥脱水工	30	24	24	*n*		48	48						*n*					*n*				
机械维修工	30	24	24	*n*		48	48	12			*n*								*n*		*n*	
加药工	30	24	24	*n*		48			12				*n*					*n*		*n*		
仓库保管工	30	24	24	*n*																		
机车司机	30	24	24	*n*		48	48															
汽车驾驶员	30	24	24	*n*		48	48															
一般管理人员	30	24	24	*n*																		
外来来访人员	30		24	*n*	*n*																	

注：*n* 表示以实际需要为准。

表 2-19 污水处理厂劳动防护用品检查记录

项目		序号	检查内容	检查结果	发现的问题	整改建议
名称标牌及相关安全资质		1	制造单位是否“三证齐全”（生产许可证、产品合格证、安全鉴定证）？			
		2	是否有制造厂家、制造铭牌或醒目的名称？			
		3	是否有产品型式认证号及产品标准号？			
		4	是否有产品生产日期和使用期限？			
人员培训		5	从业人员是否经过培训且有培训记录？			
		6	从业人员是否会正确佩戴、使用防护用品？			
管理制度		7	是否为员工提供符合国家规定的劳动防护用品？			
		8	是否有劳防用品管理发放记录？			
		9	劳防用品检查维护是否有专门责任人？			
		10	是否有劳防用品使用检查记录？			
劳动防护用品	安全帽	11	帽壳是否有破损、裂痕、凹痕？			
		12	帽带调节是否正常，是否有磨损？			
		13	帽箍是否牢固，塑料衬是否有破裂？			
		14	是否在规定的使用期内？			
		15	作业现场是否戴安全帽，帽舌朝前，并系好帽带？			
		16	安全帽是否存放在酸、碱、高温、日晒、潮湿等场所？是否和硬物放在一起？			
	正压呼吸器	17	面罩是否清晰完好，是否无划痕、无裂痕或模糊不清？			
		18	面罩系带是否完好，不缺、不断？			
		19	呼吸道是否通畅？戴好面罩，用手捂住呼吸道，是否密封不透气？有无“咝咝”响声？			
		20	是否气源压力正常，气瓶内空气压力为28～30MPa？			
		21	是否气密性完好？各压力表、管线连接紧固，不松动、不漏气，打开和关闭瓶阀，在1 min内压力下降不大于2MPa			
		22	腰带组和卡扣是否完好无损？			
		23	气瓶是否牢固地固定在背托上？			
		24	报警哨是否正常？打开瓶阀开关，稍后关闭。按下供气阀旁通阀缓慢排气，当压力下降到4～5MPa时，报警哨响			
		25	高压管路和中压管路是否无扭结或其他损坏？			

项目		序号	检查内容	检查结果	发现的问题	整改建议
劳动防护用品	防尘口罩	26	口罩外表是否完好？			
		27	口罩是否干净整洁？			
		28	规定使用岗位（区域）员工是否佩戴？			
	护目镜	29	镜片是否无磨损？镜架是否无损坏？			
		30	各部件是否无松动脱落？			
		31	规定岗位（操作）员工是否正确佩戴？			
	工作服	32	进入生产、检修现场的人员是否按规定穿工作服？是否出现挽袖口、挽裤脚的现象？			
		33	焊工服是否符合以下要求：帆布，右门襟扣住左门襟，发生意外时能迅速脱下？			
		34	在特殊易燃易爆区域是否未穿可产生静电火花的服装？			
	防护手套	35	表面是否无破损、洞眼等残缺？			
		36	人员作业时是否按规定使用？			
		37	橡胶、塑料类手套用后是否冲洗干净、晾干，保存时避免高温？			
		38	焊接手套皮革表面是否无僵硬、薄档、洞眼等残缺？			
		39	焊接手套是否有足够长度，不让手腕裸露？			
	防护鞋	40	鞋面料部分是否完好无破损？			
		41	电气作业人员是否穿电绝缘鞋？			
		42	在酸、碱、化学药品等作业中的人员是否穿耐酸碱防护鞋？			
		43	进入生产、检修现场是否穿安全鞋？			
	耳塞	44	人员是否按要求佩戴？			
		45	外观是否干净完好？			
	安全绳	46	是否有刀口、磨损或磨损后落下的碎屑？			
		47	是否有拉长，性能下降的迹象？			
		48	是否因腐烂、阳光照射、与腐蚀物接触、受热等发生损伤或变质？			
	全身式安全带	49	有坠落风险作业时是否按要求使用？			
		50	缓冲包外皮是否无破损、无覆盖物？			
		51	织带是否无破边、纤维断裂、针线拉出、割裂、烧坏或化学浸泡损伤？			
		52	所有缝线是否完整、无开线？			
		53	D形环是否变形、裂纹、破损？能否自由移动？			
		54	安全锁扣是否无裂纹、变形、腐蚀？			
		55	产品标签文字是否清晰可辨？			

检查人：　　　　　　　　　　　　　　　　　　检查日期：

四、劳动防护用品的使用要求

1. 安全帽

安全帽的使用注意事项如下：

①在使用之前一定要检查安全帽上是否有裂纹、碰伤痕迹、凹凸不平、磨损（包括对帽衬的检查），安全帽上如存在影响其性能的明显缺陷应及时报废，以免影响防护作用。

②不能随意在安全帽上拆卸或添加附件，以免影响其原有的防护性能。

③不能随意调节帽衬的尺寸。安全帽的内部尺寸，如垂直间距、佩戴高度、水平间距等，标准中是有严格规定的，这些尺寸直接影响安全帽的防护性能，使用者不可随意调节，否则，落物冲击一旦发生，安全帽会因佩戴不牢脱出或因冲击触顶而起不到防护作用，直接伤害佩戴者。

④使用时一定要将安全帽戴正、戴牢，不能晃动，要系紧下颏带，调节好后箍以防安全帽脱落（图 2-35）。

⑤不能私自在安全帽上打孔，不要随意碰撞安全帽、不要将安全帽当板凳坐，以免影响其强度。

⑥安全帽不能放置在有酸、碱、高温、日晒、潮湿或化学试剂的场所，以免其老化、变质。

⑦对热塑性安全帽，虽可用清水冲洗，但不能用热水浸泡，更不能放入浴池内洗涤；不能在暖气片、火炉上烘烤，以防止帽体变形。

⑧受过一次强冲击或做过试验的安全帽不能继续使用，应予以报废。

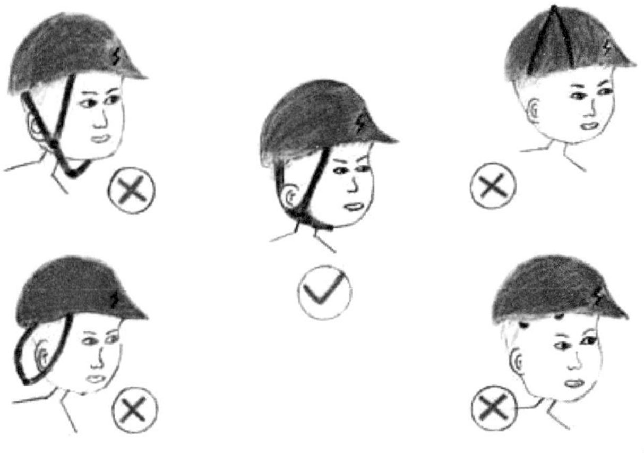

图 2-35　安全帽使用注意事项

2. 安全带

安全带的使用注意事项如下：

①应当检查安全带是否经质检部门检验合格，在使用前应仔细检查各部分构件是否完好无损。

②使用安全带时，围杆绳上要有保护套，不允许在地面上拖着绳走，以免损伤绳套影响主绳。使用安全绳时不允许打结，并且在安全绳的使用过程中不能随意将绳子加长，否则会有潜在的危险。

③架子工单腰带一般使用短绳比较安全。如需使用长绳，宜选用双背式安全带比较安全。悬挂安全带不得低挂，应高挂低用或水平悬挂，并应防止安全带的摆动、碰撞，避开尖锐物体。

④不得私自拆换安全带上的各种配件，更换新配件时，应选择合格的配件。单独使用 3 m 以上的长绳时应考虑补充措施，如在绳上加缓冲器、自锁钩或速差式自控器等。缓冲器、自锁钩或速差式自控器可以单独使用也可以联合使用。

⑤作业时应将安全带的钩、环牢固地挂在系留点上，卡好各个卡子并关好保险装置，以防脱落。

⑥低温环境中使用安全带时应注意防止安全绳变硬割裂。

3. 绝缘手套

绝缘手套的使用注意事项如下：

①使用经检验合格的绝缘手套（每半年检验 1 次）。

②佩戴前还要对绝缘手套进行气密性检查，具体方法是将手套从口部向上卷，稍用力将空气压至手掌及指头部分检查上述部位有无漏气，如有则不能使用。

③使用时注意防止尖锐物体刺破手套。

④使用后注意存放在干燥处，并不得接触油类及腐蚀性药品等。

⑤不使用时应包装储存在专用箱内，避免阳光直射、雨雪浸淋，并应小心放置，防止挤压折叠。

4. 口罩

口罩的使用注意事项如下：

①出现以下情况时应及时更换口罩：口罩受污染，如染有血渍或飞沫等异物；使用者感到呼吸阻力大；口罩损毁；在面具与使用者面部密合良好的情况下，当使用者感到防尘滤棉的呼吸阻力很大时，说明滤棉上已附满了粉尘颗粒；在面具与使用者面部密合良好的情况下，当使用者闻到了有毒物的味道时，应该及时更换新的防毒滤盒。

②从人的生理结构来看，由于人的鼻腔黏膜血液循环非常旺盛，鼻腔里的通道又很曲折，和鼻毛构起一道生理上的过滤“屏障”，当空气吸入鼻孔时，气流在曲折的通道中

形成一股旋涡，使吸入鼻腔的气流得到加温。如果长期戴口罩，会使鼻黏膜变得脆弱，失去了鼻腔的原有生理功能，故不能长期戴口罩。

③口罩的外层往往积聚着很多外界空气中的灰尘、细菌等污物，而里层阻挡着呼出的细菌、唾液。因此，口罩的两面不能交替使用，否则会将外层沾染的污物在直接紧贴面部时吸入人体，而成为传染源。

④口罩在不戴时，应叠好放入清洁的信封内，并将紧贴口鼻的一面向里折好，切忌随便塞进口袋里或是在脖子上挂着。

⑤若口罩被呼出的热气或唾液弄湿，其阻隔病菌的作用就会大大降低。所以，平时最好多备几只口罩，以便替换使用，应每日换洗 1 次。洗涤时应先用开水烫 5 min，再用手轻轻搓洗，清水洗净后在清洁场所风干。但是，有活性炭过滤的和一次性的不必清洗。

5. 耳塞、耳罩和帽盔

耳塞是插入外耳道的一种栓塞，常用塑料或橡胶制作，以能密塞外耳道又不引起刺激或压迫为好。

耳罩常用塑料制成，内有泡沫或海绵垫层，覆盖双耳。耳罩能罩住部分颅骨，有助于减少一部分经骨传导到内耳的噪声（图 2-36）。

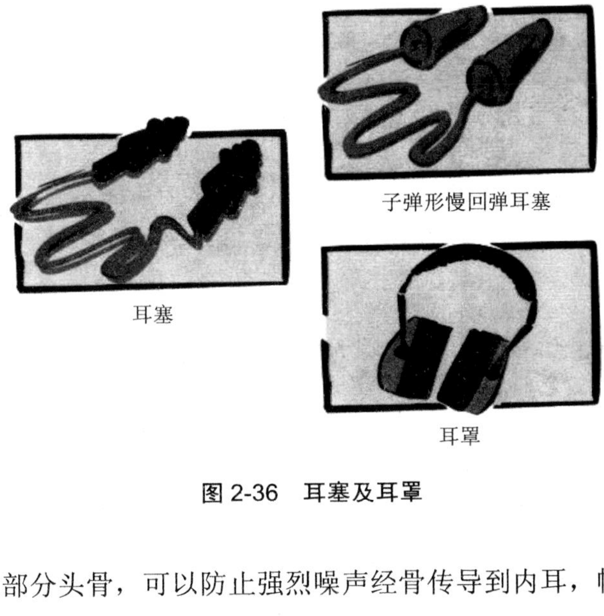

图 2-36　耳塞及耳罩

帽盔能覆盖大部分头骨，可以防止强烈噪声经骨传导到内耳，帽盔两侧耳部常垫防声材料，用来加强防护效果。

使用这些防噪声护品时，应根据噪声的强度和频谱合理选用。对噪声强度是 110 dB 的中频噪声，只用耳塞即可；对 140 dB 的噪声，即使是低频，也宜耳塞和耳罩并用，或戴帽盔。

6. 正压式空气呼吸器

正确佩戴正压式空气呼吸器（图 2-37）的要求如下：

图 2-37　正压式空气呼吸器

（1）背戴气瓶

将气瓶阀向下背上气瓶，通过拉肩带上的自由端，调节气瓶的上下位置和松紧度，直到感觉舒适为止。

（2）扣紧腰带

将腰带公扣插入母扣内，然后将左右两侧的伸缩带向后拉紧，确保扣牢。

（3）佩戴面罩

将面罩的上五根带子放到最松，把面罩置于使用者脸上，然后将头带从头部的上前方向后下方拉下，由上向下将面罩戴在头上。调整面罩位置，使下巴进入面罩下面的凹形槽内，先收紧下端的两根颈带，然后收紧上端的两根头带及顶带，如果感觉不适，可调节头带松紧。

（4）面罩密封

用手按住面罩接口处，通过吸气检查面罩密封是否良好。做深呼吸，此时，面罩两侧应向人体面部移动，人体感觉呼吸困难，说明面罩气密良好，否则再收紧头带或重新佩戴面罩。

（5）装供气阀

将供气阀上的接口对准面罩插口，用力往上推，当听到“咔嚓”声时，安装完毕。

（6）检查仪器性能

完全打开气瓶阀，此时，应能听到报警哨短促的报警声，否则说明报警哨失灵或者气瓶内无气。同时观察压力表读数。通过几次深呼吸检查供气阀性能，呼气和吸气都应舒畅、无不适感觉。

（7）使用

正确佩戴仪器再经认真检查后即可投入使用。

正压式空气呼吸器在使用过程中要注意随时观察压力表和报警器发出的报警信号。使用结束后，首先用手捏住下面左右两侧的颈带扣环向前一推，松开颈带，再松开头带，将面罩从脸部由下向上脱下。然后，转动供气阀上的旋钮，关闭供气阀，并捏住公扣榫头，退出母扣。最后，放松肩带，将仪器从背上卸下，关闭气瓶阀。

【任务练习】

1．常见的劳动防护用品有哪几类？

2．某污水处理厂员工将到沉淀池清洗底泥，请问应佩戴哪些劳动防护用品去作业？

（扫码获取参考答案）

3．外来参观人员到污水处理厂需要配备哪些劳动防护用品？

4．请演示如何正确佩戴安全帽。

任务 9　安全投入管理

【任务目标】

掌握安全投入管理的要求；熟悉污水处理企业安全生产费用提取的标准及使用范围。

【知识铺垫】

为建立企业安全生产投入长效机制，加强安全生产费用管理，保障企业安全生产资金投入，维护企业、职工以及社会公共利益，根据《中华人民共和国安全生产法》等有关法律法规和国务院有关决定，财政部、国家安全生产监督管理总局联合制定了《企业安全生产费用提取和使用管理办法》（财企〔2012〕16 号），该办法中安全生产费用是指企业按照规定标准提取在成本中列支，专门用于完善和改进企业或者项目安全生产条件的资金。安全费用按照“企业提取、政府监管、确保需要、规范使用”的原则进行管理。

一、安全投入管理要求

具备和保持安全生产条件的工作贯穿于生产经营全过程，安全投入是生产经营单位具备安全生产条件的重要保障。所以，安全投入也同样要贯穿生产经营全过程。生产经营单位在进行生产活动以前，为取得安全生产许可证，需要安全投入；在取得安全生产许可证开始生产经营以后，为保持生产经营条件持续安全可靠，在安全方面仍需不断地投入资金，用于改善安全设施，更新安全技术装备、器材、仪器、仪表，发放职工劳动防护用品，开展职工安全教育培训等。

作为生产经营单位的主要负责人，有责任保证安全投入符合安全生产要求，并切实发挥投入资金的作用；要根据本单位的安全生产状况，组织制定本单位安全生产投入的长远规划和年度计划；要设立安全生产投入资金专门的账户或者科目，专款专用，不得随意挪用；要定期召开会议，听取安全生产投入资金的使用情况，保证安全生产投入资金的有效使用。

安全生产投入主要用于以下方面：

①建设安全技术措施工程，如消防工程、通风工程等；

②更新安全设备、器材、装备、仪器，仪表等以及这些安全设备的日常维护；

③发放职工劳动防护用品；

④职工的安全生产教育和培训；

⑤事故应急救援预案所需费用；

⑥重大安全生产课题的研究；

⑦安全生产工作所需其他资金。

二、安全生产费用提取、使用管理制度

安全生产费用是指企业按照规定标准提取，在成本中列支，专门用于完善和改进企业安全生产条件的资金。运营项目安全生产费用管理按照“项目提取、部门监管、确保需要、规范使用”的原则进行。财务部门根据安全生产费用的规定使用范围、项目安全生产情况、年度安全生产费用提取预算额。年度安全生产费用投入计划报送企业负责人审批。

公司财务部门按照国家有关规定及公司计划提取安全生产资金，纳入年度财务预决算，实行专款专用。项目要建立健全安全生产费用计划提取标准（表 2-20）。

表 2-20 安全生产费用计划提取标准

序号	全年实际销售收入	提取标准	备注
1	1 000 万元（含）以下	4%	
2	1 000 万元至 10 000 万元（含）部分	2%	
3	10 000 万元至 100 000 万元（含）部分	0.5%	
4	100 000 万元以上部分	0.2%	

污水处理厂安全生产费用应按照以下规定范围使用：

①生产场所、库房等作业场所监控、检测、通风、防晒、调温、防火、灭火、防爆、泄压、消毒、防潮、防雷、防静电、防渗漏、防护围堤或者隔离操作等安全防护设备、设施的完善、维修和改善支出。

②配备必要的应急救援器材、设备和现场作业人员安全防护物品支出。

③安全生产检查与评价支出。

④安全技能培训及进行应急救援演练支出。

⑤其他与安全生产直接相关的支出。

⑥年度结余转下年度使用。

⑦安全生产费用形成的资产，应当纳入相关资产进行管理。

⑧运营项目为职工提供的职业病防治、工伤保险、医疗保险所需费用，在安全生产费用中列支。

【任务练习】

1．简述安全生产费用的含义。

2．简述污水处理厂安全生产费用提取要求。

3．简述污水处理厂提取的安全生产费用使用范围。

（扫码获取参考答案）

任务10　生产安全事故管理

【任务目标】

熟悉生产安全事故的定义及等级划分；掌握生产安全事故的报告程序及报告内容；了解生产安全事故应急救援及调查处理要求。

【知识铺垫】

为加强生产安全事故报告和调查处理，进一步落实事故责任追究制度，防止和减少生产安全事故，根据《中华人民共和国安全生产法》和《生产安全事故报告和调查处理条例》（国务院令 第493号）等法律法规的要求，需加强安全事故管理。

一、生产安全事故定义

生产安全事故是指在生产经营领域中发生的意外的突发事故，通常会造成人员伤亡或财产损失，使正常生产经营活动中断的事件。

二、事故等级划分

根据生产安全事故造成的人员伤亡或者直接经济损失，事故一般分为以下等级：

①特别重大事故，是指造成30人以上死亡，或者100人以上重伤（包括急性工业中毒，下同），或者1亿元以上直接经济损失的事故。

②重大事故，是指造成10人以上30人以下死亡，或者50人以上100人以下重伤，或者5 000万元以上1亿元以下直接经济损失的事故。

③较大事故，是指造成 3 人以上 10 人以下死亡，或者 10 人以上 50 人以下重伤，或者 1 000 万元以上 5 000 万元以下直接经济损失的事故。

④一般事故，是指造成 3 人以下死亡，或者 10 人以下重伤，或者 1 000 万元以下直接经济损失的事故。

⑤无伤亡意外事件，是指工作中没有造成人员伤害，但有这种可能的意外事件。例如，未遂事故（如工具或物体坠落到人员附近），或导致设备损坏但无人员伤害的意外事件（如电气设备短路、火灾）等。

⑥急救处理伤害事故（不包括旧病复发、职业病、上班和下班途中发生的事故），是指工作中造成轻微伤害的意外事件；该伤害经过正确的急救措施（可由员工、急救人员、护士或医师进行相应的处理），如用绷带包扎、敷贴创可贴等之后，伤者在受伤发生后的一个工作日或一个工作班次内返回其工作岗位。例如，只需经过急救处理即可（即使由现场医师实施）的轻度伤害，如刮伤、割伤、烧伤、夹伤等。

⑦医疗处理伤害事故（不包括旧病复发、职业病、上班和下班途中发生的事故）。

三、事故报告

1. 报告程序

发生生产安全事故，最先发现者应立即向部门安全员报告，由安全员完成后续报告情况。事故报告后出现新情况的，应当及时补报。自事故发生之日起 30 日内，事故造成的伤亡人数发生变化的，应当及时补报。道路交通事故、火灾事故自发生之日起 7 日内，事故造成的伤亡人数发生变化的，应当及时补报。

2. 事故报告内容

①事故发生单位概况；

②事故发生的时间、地点以及事故现场情况；

③事故的简要经过；

④事故已经造成或者可能造成的伤亡人数（包括下落不明的人数）和初步估计的直接经济损失；

⑤已经采取的措施；

⑥其他应当报告的情况。

四、事故的救援

①接到事故报告的项目负责人，应采取有效措施，或立即启动事故相应的应急预案，组织抢险救援，防止事故扩大和财产损失。

②发生人身伤害事故时，现场人员应立即采取有效措施，杜绝继发事故，防止事故

扩大，并立即将受伤人员用适当的方法和器具搬运出危险地带，并根据具体情况施行急救措施。在医务人员未赶到现场前，现场人员不得停止对受伤人员的抢救和护理。

③情况较轻者，现场人员可采用妥善办法将受伤人员迅速护送到就近医院进行救护。情况严重者，应立即送医院救治。

④事故发生后，要妥善保护事故现场和相关证据，因抢救人员、防止事故扩大以及疏散交通等原因，需要移动事故现场物件的，要做出标志，绘制简图并做出书面记录。

五、事故调查处理

发生一般及以上等级事故，按照《生产安全事故报告和调查处理条例》的规定由相应级别政府组织调查处理，公司有关领导、部门以及事故发生单位要做好积极配合工作。

无论发生什么级别的生产安全事故，部门都要组成调查组进行调查，由经理（厂长）负责组织。

六、其他要求

发生一般及以上等级事故，无论何时，现场工作人员必须于 10 min 内将事故报告运营项目负责人。

事故报告要真实、及时，不得迟报、漏报、瞒报。

部门应建立事故档案，由安全员负责。对所有事故调查分析的资料，如现场检查记录、照片、技术鉴定、会议记录、仪表记录、旁证材料、综合调查材料及登记表、报告书等应妥善保管。

对不积极组织参加事故抢救，瞒报、迟报事故，伪造或者故意破坏事故现场，事故调查中弄虚作假的责任人将按照有关规定进行处理。

【任务练习】

2021 年 6 月 13 日上午 10 时 30 分许，四川某食品公司停产检修期间，2 名员工在检修废水管道时掉入废水池，另有 4 名公司员工在施救时也相继掉入池中。经政府相关部门全力组织搜救，6 人已全部搜救出池，经抢救无效死亡。

1. 请问这是一起什么类型的事故？
2. 该事故属于什么事故等级？为什么？

（扫码获取参考答案）

模块 3　污水处理厂安全生产操作

【模块导入】

污水处理厂有很多设备，要保障这些设备的操作是安全的，就必须保障设备本身的完好。某些岗位工作的操作具有一定的危险性，一定要规范操作，预防事故发生。污水处理厂的很多事故都是发生在受限空间作业的环境下，因此作业人员一定要具备受限空间作业的相关安全知识，才能保证在受限空间作业时的安全。

项目 1　污水处理厂设备安全

任务 1　制定污水处理厂安全操作规程

【任务目标】

了解安全操作规程的含义；掌握污水处理厂设备安全操作规程，并且能根据实际情况编写安全操作规程。

【知识铺垫】

一、污水处理厂安全操作规程的含义

安全操作规程是指工人操作机器设备和调整仪器仪表时必须遵守的规章和程序。安全操作规程包括：操作步骤和程序，安全技术知识和注意事项，正确使用个人安全防护用品，生产设备和安全设施的维修保养，预防事故的紧急措施，安全检查的制度和要求等。

污水处理厂设备安全操作规程是员工操作机械设备、调整仪器仪表以及其他作业过程中，所必须遵守的标准程序和安全注意事项。安全操作规程规定了员工在操作过程中应该做什么，禁止做什么，设施或环境应该处于何种状态等，是员工安全操作的行为规范。

设备安全操作规程一般包括以下内容：

①操作前的准备，包括操作前的检查，机器设备和环境应当处于何种状态，应如何调整，准备哪些工具等。

②个人劳动防护用品的穿戴要求。必须和禁止穿戴的防护用品种类，以及穿戴方法等。

③操作的先后顺序和方式。

④操作过程中机器设备及控制装置的状态，如手柄、开关所处的位置等。

⑤操作过程需要做哪些测试和调整，如何进行。

⑥操作人员所处的位置和操作时的标准姿势。

⑦操作过程中有哪些行为是必须禁止的。

⑧一些特殊要求。

⑨异常情况如何应对和处理。

⑩其他要求。

二、污水处理厂设备管理要求

污水处理厂应对照工种作业标准，建立健全各工种、各岗位人员操作规程和各工序操作标准。将安全生产操作规程列入安全教育培训计划，邀请有经验的老员工和专业技术人员进行讲解，对员工进行安全操作规程培训，同时要在公司举办的各类安全教育培训中，将安全操作规程列为重点学习内容，保证安全操作规程的全面落实，每次学习结束后，要组织对员工进行考试，考试合格者方可上岗。

污水处理厂应制定安全操作规程考核办法，实行动态监督检查，使每一位从业人员均能明确自己所从事的岗位应当如何做，做什么，怎么做。加大对安全操作的监督考核力度，对不熟悉操作标准的上岗人员，要立即进行停工培训。特殊工种及各岗位从业人员必须做到持证、持卡上岗，并且熟知本岗位操作标准。对现场抽查应知应会差者或违反操作标准作业者，责令其下岗培训，并按规定予以处罚，培训合格后方可上岗作业。

三、污水处理厂常见设备安全操作规程示例

1. 回转式格栅除污机安全操作规程

操作者必须熟悉回转式格栅除污机的结构、性能及传动系统、润滑部位、电气等基本知识和使用维护方法，操作者必须经过考核合格后，方可进行操作。

（1）启动前

①开动设备前，应明确电动机转动方向，耙齿转动方向；

②检查减速箱内润滑油是否达到油标位置；

③检查格栅上部的两个限位开关可靠性；

④检查各处螺栓连接是否完好；

⑤格栅机的挂齿有无断裂、出轨，铰链是否卡壳、扭曲、变形；

⑥格栅轨道或挂齿间有无卡物；

⑦检查供配电及皮带输送机是否完好；

⑧设备周围有无影响设备运转的障碍物（冬季注意防冻）；

⑨启动前，工作人员不要离各种机械太近，以免发生事故。

（2）运行中

①远程控制，将中控系统切换至远程自动控制，把就地—远程转换旋钮旋到远程控制，进行远程设定操作及各设备开停时间，依次自动开启格栅机和螺旋输送机。

②单机控制，将中控系统切换至远程手动控制，把就地—远程转换旋钮旋到就地控制，单机—联动转换旋钮旋到单机控制，进行手动操作，依次开启格栅机和螺旋输送机。

③手动操作，将中控系统切换至就地手动控制，必须 2 人在场，1 人操作，1 人观察。在操作人员和观察人员共同确认启或停后，操作人员即可按启或停按钮。

④观察人员密切注意设备的运行状况，特别注意，轨道间有无卡物，电机有无异响，是否过热；若有上述情况之一者，通知操作员立即按停止按钮。

⑤观察粗格栅运行是否正常，挂齿有无断裂。粗格栅机内有无垃圾，若有应及时清理干净。

⑥观察细格栅的螺旋输送机的运转是否正常，皮带有无跑偏，有无垃圾堵塞。

⑦观察刮渣机构是否动作灵敏可靠。

⑧操作完毕后，应检查设备是否完好，确认无误后，方可离开现场。

（3）注意事项

①现场控制柜内设有紧急停车按钮，如遇紧急情况可按下急停按钮；每台粗格栅的一侧也设有急停按钮，若有一台处于关闭状态，则任何一台都无法启动。

②格栅运行设有过载、限位保护功能，如过载、卡阻会自行报警、停机，否则应及时停机并上报；故障排除后方可运行。

③如果链条无法正常转动，则应使“正转/反转”点动运行，使杂物排出，然后正转运行。

④格栅“远程”运行时，根据设置时间定时启、停，任一台格栅机启动，输送机将同时运转，并延时停止。

⑤中控室发现故障信号后，应立即采取停车措施，及时进行现场查看。

⑥格栅停止运行时必须关闭格栅前进水闸门。

2. 空气悬浮鼓风机安全操作规程

（1）启动前

①新装的风机和长时间停用后再使用，更换电机和电机大修后再使用的情况需要将电机电源线从热继电器下端断开测量绝缘电阻和直流电阻，正常后方可继续后续操作。

②确保电机、软启动主断路器及控制回路断路器已合闸，现场控制箱面板指示灯都没有报警和显示正常。

③确保电源没有缺相和电压在电机允许安全工作范围内。

④检查鼓风机冷却液、前后过滤棉，冷却液量在要求范围内，过滤棉均安装到位并符合过滤要求。

⑤检查并确认各安全仪表无损坏，确认其处于工作状态。

⑥手动检查出口阀、防喘振阀及入口导叶执行机构动作，确保灵敏可靠。

（2）运行中

1）单台风机启动

①将就地控制箱内电源接电，检查控制箱上部指示灯“电源、启动、停止、复位”，如有报警，则按“复位”作相应的处理。

②将出口导叶设置 60°（或 60°以上）。

③按“开始”启动鼓风机。

④进入参数运行画面，检查各参数是否在规定的允许范围内。

⑤待风机运行稳定后，进入参数设置画面，按需风量调节导叶。达到需要风量，注意入口导叶开度增大时，电机电流会增大，接近额定电流时应停止增大开度。

⑥观察启动和运行中的振动，声音，正常后方可认为启动结束。

⑦当入口导叶的开度到最大或电机电流接近额定值时，风量还不足，应按照风机操作规程开启第 2 台风机，此时应注意按照并网操作注意事项调节第 1 台风机。

⑧需开启第 2 台鼓风机并网运行时，先调节并网 2 台风机的导叶为 60°，之后按之前操作开启第 2 台风机。

2）机组停车

①手动停车。手动停车时，检查具备停车条件（防喘振阀在自动开启位置）后按下停止按钮。

②机组停止后，检查各参数是否正常。

（3）注意事项

①开车过程中，注意观察电机电流，同时观察防喘振数据值以防发生喘振保护；

②调节导叶时，气量应逐渐增加，避免启动过快而损坏曝气系统，特别是供气中断期间，重新启动时尤其应该注意。

③需开 2 台或多台风机时，并网风机的出口压力和风量须与已运行的风机相近，才可并网。

④机组停止后，复位开关保持原状，待下次开机前，再按复位开关将系统进行复位。

⑤巡视时发现严重故障时，应立即采取紧急停机措施。

3. 二氧化氯发生器安全操作规程

（1）启动前

①打开动力水总阀门，把水压按要求调至稳定状态（0.35MPa）。

②检查设备各部件是否正常，有无泄漏。

③检查各阀门开关位置是否准确；检查计量泵的设置比例是否 1∶1，即 1 L 氯酸钠加入 1 L 盐酸。

④检查安全阀，将安全塞塞紧。

⑤从加水口给加热水箱加满水。

（2）进行中

1）启动

打开投加点阀门，打开动力水阀门将水压调至稳定状态，使水射器正常工作。此时设备内应有鼓泡声。打开控制柜的电源开关，启动计量泵，如果计量泵管道中有空气应先排出空气，观察计量泵工作是否正常。启动加热Ⅰ和加热Ⅱ，使其自动加热，发生器即开始运行。

2）设备调节

根据实际用量调节设备的产量（用户可通过参数的修改控制，计算方式下计量泵根据流量和余氯自动控制），主要是通过调节设备进料量的大小来实现，设备进料量越大，产量就越大，反之，产量就越小。此过程是控制系统根据用户设定的参数，自动调节计量泵的频率来实现的。

注：计量泵手动调节冲程必须在计量泵工作时才能调节，不可在计量泵停止运行时调节冲程。

3）关机

关机时，应提前 1～2 h 关闭计量泵，停止加料，使水射器将设备内的气体尽量抽完，以防止滞后反应所产生的气体外溢，停料 1～2 h 后关闭出气管阀门，同时关闭水射器两端的阀门，再关闭动力水总阀门，水射器停止工作，设备即关机。当出现动力水欠压、负压检测不正常时，系统将自动打开电动球阀，将高位水池的安全吸收水灌入二氧化氯发生器中，防止设备发生安全事故。

注：若长时间停机，应关闭加热系统，再拉下电源开关。

4）巡检

设备运行时应定期巡视检查，发现异常状况及时处理，如发现设备间或出气管有较大气味时，应立即检查安全阀，如安全阀打开，应立即使其复位。应经常听设备内有无鼓泡声，若无，应立即停泵检查。

5）设备清洗

设备长时间运行后，反应器中沉淀物会增加，影响设备产率，应定期清洗，一般半年清洗 1 次。设备主机背侧设有排污口，可进行清洗排污。清洗时，在水射器正常工作状态下，从安全口（或进气口）加入清水，一部分清水将随反应器内的液体一同被水射器抽走；一部分清水从残液口自动排出，水射器无颜色后打开排污阀，反复几次，直至清洗干净为止。

6）清理过滤网

定期清洗 Y 型过滤器的过滤网。

7）计量泵的维护

计量泵在使用时或冲洗设备时一定要防水。原料罐加完料后检查计量泵输料管中是否有气体进入，如有气体进入，应及时排掉。应经常检查计量泵有无泄漏，如有泄漏，应及时上紧螺栓或进行维修。

（3）注意事项

①计量泵应注意防水。

②设备外壳为 PVC 塑料，禁止碰撞挤压，避免日晒。

③冬天应注意防冻，并采取必要的防冻措施，以免损坏设备及加药管道，设备间应干燥、避光、通风良好。室内环境温度应保持在 5～40℃。

④打开或关闭水射器时，若投加点位置较高或有压力时，应同时打开或关闭水射器前后两个阀门，以免水射器承受过高压力而损坏。

⑤确保进气管路通畅。

⑥设备运行时出气管路一定要通畅，水射器一定要正常工作，以确保设备在负压条件下工作。

注：设备在负压条件下工作的标志：可以听到设备内有鼓泡声。

⑦若发现设备内无鼓泡声，可能由以下原因造成：

a. 动力水压不足，水射器前后没有压差，水射器无法正常工作，需调节水压并检查整个水路是否通畅；

b. 安全阀已打开或未关闭，应复位；

c. 管道接口阀门和连接管件漏气，需仔细检查，将密封胶垫密封好；

d. 出气管路不通畅，应使之通畅；

e. 水射器堵塞，清洗水射器。

⑧原料罐内要保持足够高的液位，防止抽空原料罐。

⑨使用盐酸时，操作人员应戴防护手套。

⑩二氧化氯具有强氧化性，设备的塑料软管和密封胶圈等易老化，应定期更换。

4．板框压滤机安全操作规程

（1）启动前

①板框的数量是否符合规定，禁止在板框少于规定数量的情况下开机工作。

②板框的排列次序是否符合要求，安装是否平整，密封面接触是否良好。

③滤布有无破损，滤布孔比板框孔小且与板框孔相对同心。

④各管路是否畅通，有无漏点。

⑤液压系统工作是否正常，压力表是否灵敏好用。

（2）进行中

①安装压滤布必须平整，不许折叠，以防压紧时损坏板框及泄漏。

②液压站的工作压力橡塑板框最高工作压力不得超过 20 MPa。

③过滤压力必须小于 0.45 MPa，过滤物料温度必须小于 80℃，以防引起渗漏和板框变形、撕裂等。

④操纵装置的溢流阀，须调节到能使活塞退回时所用的最小工作压力。

⑤板框在主梁上移动时，不得碰撞、摔打，施力应均衡，防止碰坏手把和损坏密封面。

⑥物料、压缩、洗液或热水的阀门必须按操作程序启用，不得同时启用。

⑦卸饼后清洗板框及滤布时，应保证孔道畅通，不允许残渣粘贴在密封面或进料通道内。

⑧液压系统停止操纵时，操作装置的长杆手轮应常开，短杆手轮应常闭，以保证安全，并避免来油浪费。

（3）注意事项

①注意各部连接零件有无松动，应随时予以紧固。

②压紧轴或压紧螺杆应保持良好的润滑，禁止有异物。

③压力表应定期校验，保证灵敏好用。

④拆下的板框，存放时应码放平整，防止挠曲变形。

⑤每班检查液压系统工作压力和油箱内油量是否在规定范围内。

⑥油箱内应加入清洁的 46#液压油，并经 80～100 目滤网过滤后加入，禁止将含杂质或含水分的油加入油箱。

⑦操作人员应坚持随时打扫设备卫生，保持压滤机干净整洁，使设备本体及周围无滤饼、杂物等。

【任务练习】

1．编制安全操作规程一般需要哪些要素？

2．结合所学内容谈谈安全操作规程的作用。

（扫码获取参考答案）

任务 2 保障污水处理厂设备安全

【任务目标】

掌握污水处理厂设备安全类型及事故原因；掌握各设备安全管理要求。

【知识铺垫】

一、机械设备安全

一台机器中任何活动的部件都有可能引发工伤事故，机械设备广泛应用于工业生产的各个行业，保证机械设备安全，对提高企业的安全管理水平，减少设备事故，具有重要的意义。

1. 发生机械事故的原因

①违反安全操作规程或者由于失误而产生不安全行为，如没有穿戴合适的防用品。

②机构设备本身的结构、强度等不合理或安装维修不当且缺乏安全保护装置。

③工作环境不良，如工作环境噪声大，刺激工作人员的神经，且影响安全信号通过声音传递，导致事故发生。

2. 机械设备的基本安全要求

①机械设备的布局要合理，应便于操作人员装卸工件、加工观察和清理杂物，同时应便于维修人员检查和维修。

②机械设备零部件的强度、刚度应符合安全要求，安装应牢固。

③机械设备根据有关安全要求，必须装设合理可靠、不影响操作的安全装置。例如，超压、超载、超温度、超时间、超行程时可能发生事故的零部件，应装设保险装置；局部照明灯应使用 36 V 电压，禁止使用 10 V 或 220 V 电压；摇的手柄应有可靠的定位及锁紧装置，同轴手柄应有明显的长短差别。

3. 预防机械事故的主要措施

①加强安全管理，建立健全安全操作规程并要严格执行；对操作者要进行岗位培训，使其能正确熟练地操作设备；要按规定穿戴好防护用品；对于在设备开动有危险的区域，严禁人员进入。

②设备自身要有良好的安全性能和必要的安全保护装置。例如，操纵灵敏，安装位置要便于操作；机器的传动带、齿轮、联轴器等旋转部位都要装设防护罩。

③要做好设备的安装、维修工作，使其保持良好的安全性。对于移动频繁的采掘和运输设备，更要特别注意安装和维修的质量。

④要为设备的安装和使用创造必要的环境条件。

⑤要重视设备检修时的安全工作。

二、电气设备安全

在污泥处理过程中，会遇到电气安全的问题。严重的电气事故将造成人员伤亡和重大的经济损失。

1. 电气事故的种类

电气事故通常分为人身伤害与设备事故两大类。人身伤害按其发生原因分为电流伤害、电磁场伤害、雷电伤害、静电伤害及电路伤害 5 类。设备事故以触电事故居多，触电是指电流对人体的伤害。电流对人体的伤害可分为电击和电伤，绝大部分触电死亡事故是由电击造成的。

2. 电气事故的主要原因

①由于电气设备设计不合理，制造质量不合格，运输、安装过程中受损害，安装、调试质量差等原因，而不能保证电气设备应有的机械性能和电气性能。

②违反操作规程，这是大量事故发生的主要原因。

③误操作。

④检修不及时，未能保证设备的完好性。

⑤偶然因素。

3. 使用电气设备的安全要求

①非电工人员不得乱动或私自修理车间内的电气设备。

②电气设备不得带故障运行。任何电气设备在未验明无电之前，一律认为有电，不要盲目触及。对挂有“禁止合闸”“有人操作”等字样的标牌，无关人员不得移动。

③电气设备必须有保护性接地、接零装置，并经常对其检查，保证连接牢固。

④需要移动某些非固定安装的电气设备，如照明灯、电焊机灯时，必须先切断电源再移动。移动过程中，要防止导线被拉断。

⑤工人经常接触和使用的配电箱、配电板、刀开关、按钮、插座、插销、导线等，必须保证安全、完好，不得有破损。

⑥工作台上使用的局部照明灯，电压一般不超过 36V。

4. 作业中预防触电的主要措施

①施工现场必须由专业电工来从事用电作业，未经电气作业专门培训的人员不得随便接电线、动用电气设备。

②使用手持电动机械和其他电动机械时，要由电工接好电源；安装漏电保护器操作者必须穿戴好绝缘鞋、绝缘手套后再进行作业。

③电路线路或机具发生故障时，要找电工修理，作业者不能自行修理。

④作业完毕要把电闸拉下，锁好电闸箱。电闸箱内不允许放置任何物件、工具。

⑤在搬运较长的金属物体，如钢筋、钢管等材料时，不要碰触电线，特别是高压输电线路。

⑥在雷雨天不要走近高压电线杆、铁塔、避雷针，要与其保持至少 20 m 的距离。当遇到高压线断落时，周围 20 m 范围内禁止人员进入。

三、特种设备安全

特种设备是指国家认定的，因设备本身和外在因素的影响容易发生事故，并且一旦发生事故会造成人身伤亡及重大经济损失的危险性较大的设备。特种设备包括锅炉、压力容器（含气瓶）、压力管道、压力管道元件、电梯、起重机械、客运索道、大型游乐设施、场（厂）内专用机动车辆等。

特种设备使用单位必须对特种设备使用和运营的安全负责。特种设备使用单位必须使用有生产许可证或者安全认可证的特种设备。对所使用的特种设备，必须按照规定要求申请相应的验收检验和定期检验。

新增特种设备在投入使用前，要到所在地区的地、市级以上特种设备安全监察机构注册登记。将安全检查合格标志固定在特种设备显著位置后，方可正式投入使用。单位必须制定并严格执行岗位责任制，建立并保证特种设备技术档案的完整、准确；严格执行特种设备年检、月检、日检等常规检查制度；对在用特种设备进行日常的维修保养。

特种设备停止使用 1 年以上时，再次使用之前，使用单位应对其进行全面检查，必须消除安全隐患。特种设备作业人员必须经专业培训和考核，取得地、市级以上质量技术监督行政部门颁发的特种设备作业人员资格证书后，方可从事相应工作。

1．起重设备

（1）起重设备出厂管理

起重机械出厂时，必须附有制造企业关于该起重机械产品或者部件的出厂合格证、使用维护说明书、装箱清单等出厂随机文件。在用起重机械的定期检验周期为 2 年。

（2）起重设备的一般安全要求

为保证起重机在作业过程中安全可靠，且能充分发挥其工作效能和延长其使用寿命，操作者需要做到全面了解起重机的性能、结构、工作原理，掌握有关安全技术操作规定、方法、措施等事项。

①操作者必须了解起重机的构造及工作原理，熟练掌握操作规程。经培训考试合格后，方可进行独立操作。

②每台起重机都必须在明显的地方挂上最大起重标牌。

③每台起重机都要配备必要的维修工具、劳动保护用品、灭火器等。

④驾驶室地板应铺设绝缘材料；司机进出驾驶室时，必须由指定的梯子上下，禁止跨越；其他无关人员禁止随意登上起重机。

⑤起重机必须装有音响清晰的信号装置和照明设施，且所有带电部分的外壳，均应有可靠的接地措施。

⑥起重机上的梯子、天平、走台都应设置不低于 1 m 的防护栏杆，其宽度应不小于 600 mm，梯级距离应不大于 265 mm，踏板宽度应不小于 100 mm，并设有 15～20 mm 的挡板，且梯子与地面倾角不大于 75°，直梯高度超过 5 m 时，应设置弧形保护圈，且有足够的强度。

⑦起重机工作场所应有畅通的吊运通道，而且驾驶室距工作面或通道的高度不得小于 2 m。

⑧检修时，必须先拉下总闸，并在电闸上挂有停电作业的明显标志。如果必须带电作业，应有安全保护措施，并有专人照管。

⑨起重机上有人（检修工除外）时，禁止司机合闸开动起重机。

⑩操作者必须精力集中，禁止聊天、吸烟或做其他与工作无关的事情，严禁酒后作业。司机、挂钩工和指挥者之间要有统一的信号、手势和哨音。

2. 场（厂）内机动车辆

（1）场（厂）内机动车辆管理

场（厂）内机动车辆出厂时，必须附有制造企业关于该场（厂）内机动车辆的出厂合格证、使用维护说明书、备品配件、专用工具清单等出厂随机文件。

新增场（厂）内机动车辆的单位，要到当地特种设备安全检测机构注册登记。由安全监察机构予以验收并发放安全检验合格证。

场（厂）内机动车辆使用单位应结合本单位生产作业区或者施工现场的实际情况，按照《工业企业厂内铁路、道路运输安全规程》（GB 4387—2008）等的要求，在生产作业区或者施工现场设置交通安全标志，进行交通安全管理。

在用的场（厂）内机动车辆定期检验周期为 1 年。定期检验不合格或者安全检验合格标志超过有效期的车辆不得使用，特种设备安全监察机构应当收回牌照。

（2）预防交通事故的措施

①车辆驾驶人员必须经过有资质的培训单位培训，经考试合格后方可持证上岗。

②车辆的各种机构零件必须符合技术规范和安全要求，严禁带故障运行。

③汽车在出入厂区大门的时速不得超过 5 km/h，在厂区道路上行驶的时速不得超过 20 km/h。

④装卸货物不得超载、超高。

⑤专门用来载物的电动车在进入厂房装载易燃易爆、有毒有害物品时，严禁乘坐除驾驶员外的其他人员。

⑥铲车在行驶时，无论空载还是重载，其车铲距地面不得小于300 mm，且不得高于500 mm。

⑦驾驶员严禁酒后驾车、疲劳驾车、争道抢行等。

3．压力容器

压力容器是工业生产中的常用设备，其使用范围日益广泛。近年来，由于各类压力容器越来越多地在高压、低温、高真空、强腐蚀、强辐射等各种苛刻条件下操作，故对其安全技术上的要求越来越高。如果对压力容器的安全技术问题处理不当，往往会造成巨大的经济损失。

（1）容器技术档案

容器技术档案是正确使用设备的主要依据。通过容器技术档案可以全面掌握设备情况，摸清设备的使用规律，防止因盲目使用设备而发生事故。压力容器的技术档案包括容器的原始技术资料和使用记录。

容器原始技术资料包括容器的设计资料和制造资料。

容器使用记录主要包括容器的实际操作条件和容器的使用情况。压力容器的使用记录由设备管理人员或容器操作人员负责按时填写，并妥善保管。

（2）技术管理制度

压力容器是一种特殊设备，要保证容器安全运行，必须加强技术管理，建立必要的技术管理制度，并严格贯彻执行。安全操作规程应包括以下内容：

①容器的正常操作规程。

②容器的最高工作压力和温度。

③开、停用的操作程序和注意事项。

④容器运行中的检查项目和部位，可能出现的异常现象、判断方法和应采取的紧急措施。

⑤容器停用时的维护和检查。

【任务练习】

1．机械事故产生的原因及预防措施有哪些？

2．发生电气事故的主要原因有哪些？作业中预防触电的主要措施有哪些？

（扫码获取参考答案）

3．起重设备的一般安全要求有哪些？

项目2　污水处理厂岗位操作安全

任务1　岗位安全操作

【任务目标】

明确各岗位安全职责和注意事项；能够保证各岗位操作的规范与安全。

【知识铺垫】

一、化验员的安全职责

污水处理厂都设置水质分析化验室，进行分析化验时必须遵守以下规则：

①加热挥发性或易燃性有机溶剂时，严禁用火焰或电炉直接加热，必须在水浴锅或电热板上缓慢进行。

②可燃性物质（如汽油、酒精、煤油等），不可放在电炉、火源或其他热源附近。

③当进行加热蒸馏、高温消毒及有关用火或电热工作中，必须有人在现场负责看管，不能无人值守。从电热炉上、烘干箱中或其他加热处用手取玻璃仪器或试样时，要佩戴隔热手套。

④剧毒物品必须制定保管、使用制度，并设专用保险柜双人双锁管理，杜绝单人取用方式。

⑤倾倒硝酸、硫酸、烧碱溶液、氨水、氢氟酸等强腐蚀性药剂时必须戴好橡胶手套，开启乙醇、氨水等挥发性药剂的试剂瓶时，绝不可使瓶口对着自己或他人，尤其是夏季高温时，药剂极易大量冲出，如果不小心，有可能产生严重的灼伤、烧伤事故。

⑥酸碱，尤其是挥发性酸碱，必须在不同的仓库内保存。

⑦用移液管吸取水样或化学试剂时，不能用口吸，而必须使用橡胶球吸取。

⑧应经常检查电热设备所用电线是否完整无损，电炉等加热设施必须放在隔热垫板上。电源开关应安装坚固的外罩，开关电闸时，一定要集中精力，绝不能湿手操作。

⑨使用挥发性溶剂、试验产生有害气体或进行加热消解（如测定 COD_{Cr}）时，必须在通风橱内进行。

⑩操作离心分离机、六联搅拌机等转动仪器时，必须在仪器完全停止转动后才能进行开盖等操作。

⑪氢气钢瓶、氮气钢瓶等压力容器必须远离热源，并停放稳定，且不能放在操作间内，而应在隔开的单独存放间内存放。

⑫化验室内应配备干粉灭火器等消防设备，以便及时扑救初期火灾。

⑬接触污水和药品后，应注意及时洗手，手上有伤口时不可接触污水或药品。

二、采样员的安全职责

在城镇污水处理厂和工业废水处理厂采样时，必须采取必要的预防措施，配备相应的设备和仪器，采样人员必须注意以下安全事项：

①在排水检查井、泵房集水池、均质池等存在高浓度有机污水或待处理污水的地方取样时，要有预防可燃性气体引发爆炸的措施。

②在泵房、检查井等半地下式或地下式构筑物处取样时，要当心硫化氢、一氧化碳等有毒气体引起的中毒危险和缺氧引起的窒息危险。

③取样时，如果需要上下曝气池、二沉池、事故池等较高构筑物和地下式泵房的爬梯，要注意预防滑跌摔伤，尤其是在雨、雪、霜、风等恶劣天气条件时上下室外爬梯更要十分当心。

④在泵房集水池、曝气池等各种水处理构筑物上取样时，必须小心操作，以防溺水事故的发生。

三、污泥消化工的安全职责

①工作时，必须正确佩戴和使用劳动防护用品、安全用具。操作人员应穿防静电工作服（鞋）。

②作业过程中，应当严格遵守本企业的安全生产规程和操作规程。污泥消化区内严禁明火。

③在消化池、储气柜、污泥池等作业场所，不得使用手机等通信设备，必须使用防爆对讲机（图 3-1）。

图 3-1　防爆对讲机

④各池、柜上的走道板、栏杆、扶梯等应保持牢固，如果有摇动、损坏，应立即汇报并修复，不得勉强使用，并应在危险处设置明显警告标志。

四、脱水机操作工的安全职责

①工作时，必须正确佩戴和使用劳动防护用品、安全用具。

②作业过程中，应当严格遵守本企业的安全生产规程和操作规程。

③在湿污泥料仓卸料口区，及时清理地上掉落的污泥，在雨季和寒冷季节的冰冻期，要特别注意防滑，防止摔伤。

④污泥在进行机械脱水时，释放的有毒有害气体和异味对人体、仪器、仪表和设备都有不同程度的影响甚至损害，值班室和生产场所都应经常通风。

⑤脱水机房内的走道板、栏杆、扶梯等应保持牢固，如果有摇动、损坏，应立即汇报并修复，不得勉强使用，并应在危险处设置明显警告标志。

⑥在机电设备上进行清洁、保养工作时，应先切断电源，并有明显断路点，悬挂警告牌。钥匙和熔丝要妥善保管。没有明显断路点时，要拉脱两道以上电源开关，不得带电进行修理工作。

五、污泥焚烧工的安全职责

①焚烧炉操作工工作时，必须正确佩戴和使用劳动防护用品、安全用具，持证上岗操作。

②作业过程中，应严格遵守《焚烧系统安全操作规程》和有关安全运行制度。严禁违章操作、擅自离岗，禁止非工作人员进入现场。

③必须严格遵守开/停炉、装料、干化、焚烧、出料、运料等操作程序，并服从值班负责人的指令。

④点火前，必须认真检查各类设备及安全装置是否良好，仪表系统是否完好，经确认可靠后，方可进行点火运行。

⑤点火前，必须开启引风机，当炉膛显示负压时，方可点火，严禁正压点火。

⑥点火工作必须现场操作，当确认点火完毕且正常可靠后，方可暂时离开操作点。

⑦操作前，应密切观察各类仪表显示，严禁炉膛内超压、超温及超低、超高水位，并做好运行记录。

⑧在进入现场或出灰渣时，必须正确穿戴好工作服和工作鞋，戴好安全帽。出渣时，应戴好防护手套和防尘面具，先开启第一道出渣阀，然后必须关闭，等冷却后方可打开第二道阀门。

⑨在设备运行时，应遵守巡视制度，必须做好现场巡视检查工作，如果发现问题，

及时报告值班负责人或有关部门。

⑩凡发现焚烧炉温度表、压力表等检测装置失灵或超压、超温等异常现象时，应立即采取停止进油、进气、进料等相关应急技术措施和必要的紧急停炉措施，并及时报告。

⑪焚烧系统的重点防火、防爆区域内，严禁吸烟，严禁火种入内，严禁堆放杂物和易燃易爆物，并确保消防器材和应急器材的完好。

⑫工作完毕后，应认真做好作业场所清洁工作。

⑬应遵守交接班制度，必须详细交接生产运行和安全情况，并做好详细记录。

【任务练习】

1. 在污水处理厂进行采样时，必须采取哪些必要的预防呢？
2. 脱水机操作工的安全职责是什么？

（扫码获取参考答案）

任务2　有限空间安全作业

【任务目标】

掌握有限空间安全作业的含义；了解有限空间作业环境分级；能够在污水处理厂中的有限空间安全规范地作业。

【知识铺垫】

一、有限空间作业的界定

有限空间是指封闭或部分封闭，进出口较为狭窄有限，未被设计为固定工作场所，自然通风不良，易造成有毒有害、易燃易爆物质积聚或氧含量不足的空间。有限空间作业是指作业人员进入有限空间实施的作业活动，包括但不限于进入以下三类场所进行的作业：

（1）密闭设备设施

如贮罐、车载槽罐、反应塔（釜）、冷藏箱、压力容器、管道、烟道、锅炉、管廊等。

（2）地下有限空间

如各类检查井（包括城区内各类检查井）、泵坑、格栅等水下设备的安装井（坑、渠道、廊道等）；安装有地下设备（包括各类闸、阀、风机、管道等）的井、坑、室；容积较小的构筑物（如沉砂池、初沉池、浓缩池、储泥池等）；地下管道、地下仓库、地下工程、暗沟、隧道、涵洞、地坑、废井、地窖、沼气池、化粪池、下水道等。

（3）地上有限空间

如通风不畅的储藏室、设备间、酒糟池、发酵池、垃圾站、温室、冷库、烟道、料仓等；容积较大但可能局部积存有毒气体的生物池和沉淀池等构筑物区域。

污水处理厂存在大量的阀门井、流量计井、粗格栅井、泵坑、各类池体等有限空间，因自然通风不良、空间狭小，极容易造成硫化氢、甲烷、一氧化碳等有毒有害、易燃易爆气体集聚；另外，因污水中有机物分解会消耗部分氧气，部分有限空间还存在氧含量不足的情况。

硫化氢中毒是污水处理厂有限空间作业事故的第一大杀手，因此污水处理厂有限空间作业防范硫化氢危害是重中之重。硫化氢是一种无色、有臭鸡蛋气味的气体，剧毒，比空气重，溶于水生成氢硫酸，可溶于乙醇。爆炸极限的浓度范围为 4%～46%，与空气混合能燃爆，遇明火、高热、氧化剂发生爆炸。《职业性接触毒物危害程度分级》（GBZ 230—2010）中，将硫化氢列入Ⅱ级危害（高度危害）。国家规定硫化氢的职业接触限值为 10 mg/m^3，当硫化氢质量浓度达到 500 mg/m^3 以上时，短时间接触即可导致人员昏迷，如不立即救治则会停止呼吸导致中毒身亡。吸入高浓度的硫化氢气体可导致电击状死亡，即吸一口气立即死亡。

二、有限空间作业环境分级

根据危险有害程度由高至低，有限空间作业环境可分为 1 级、2 级和 3 级。

1．有限空间 1 级环境

符合下列条件之一的环境为 1 级：

①氧含量小于 19.5%或大于 23.5%；

②可燃性气体、蒸气浓度大于爆炸下限（LEL）的 10%；

③有毒有害气体、蒸气浓度大于《工作场所有害因素职业接触限值　第 1 部分：化学有害因素》（GBZ 2.1—2019）规定的限值。

2．有限空间 2 级环境

氧含量为 19.5%～23.5%，且符合下列条件之一的环境为 2 级：

①可燃性气体、蒸气浓度大于爆炸下限（LEL）的 5%且不大于爆炸下限（LEL）的 10%；

②有毒有害气体、蒸气浓度大于 GBZ 2.1—2019 规定限值的 30%且不大于 GBZ 2.1—2019 规定的限值；

③作业过程中可能缺氧；

④作业过程中可燃性或有毒有害气体、蒸气浓度可能突然升高。

3．有限空间 3 级环境

符合下列所有条件的环境为 3 级：

①氧含量为 19.5%～23.5%；

②可燃性气体、蒸气浓度不大于爆炸下限（LEL）的 5%；

③有毒有害气体、蒸气浓度不大于 GBZ 2.1—2019 规定限值的 30%；

④作业过程中各种气体、蒸气浓度值保持稳定。

有毒有害气体、蒸气浓度的限值应选取 GBZ 2.1—2019 规定的最高容许浓度或短时间接触容许浓度，无最高容许浓度和短时间接触容许浓度的物质，应选用时间加权平均容许浓度。

三、现场人员安全职责

1. 作业负责人职责

①识别整个作业过程中存在的危险有害因素，编制作业方案，报作业主管单位/部门备案；

②落实安全防护措施，对作业者进行安全技术交底；

③确认作业环境、作业程序、防护设施、作业者符合要求后，下达作业指令；

④当有限空间作业条件不符合安全要求时，终止作业，并组织作业者安全撤离；

⑤当发生紧急情况时，在确保自身安全的条件下，协助救援人员进行现场救援；

⑥有限空间作业完毕后，监督作业者对有限空间予以恢复或封闭。

2. 作业者职责

①应接受有限空间作业安全教育培训并通过考核，熟知所从事作业的危险有害因素和应急处置及自救措施；

②遵守有限空间作业安全操作规程，正确使用有限空间作业安全设施与个人防护用品；

③与监护者进行有效的操作作业、预警、撤离等信息沟通；

④对违反本规定和相关规定、强令冒险作业、安全措施不到位或不落实的指令，有权拒绝执行并向上级反映；

⑤作业过程中如发现他人或自身有中毒、窒息症状或出现异常时，应立即向监护者传递信息，并安全撤离现场。

3. 监护者职责

①熟悉作业区域的环境和工艺情况，具备基本急救常识，掌握紧急情况下的应急报告流程；

②全程掌握作业情况，持续监视作业条件变化，与作业者约定明确的联络信号，保持有效的作业、预警、撤离等信息沟通；

③如发现安全措施落实不到位或作业条件发生变化，有权下达暂停作业的指令并立即向作业负责人报告；

④对进入有限空间的作业者的着装、携带的工具、物品进行检查，防止未经许可的人员进入作业区域；

⑤监护过程中如发现作业者中毒、窒息或出现异常，应立即通知其他人员撤离，并

第一时间向作业负责人报告；必要时立即呼叫应急救援服务，并在保证自身安全的前提下协助开展救援工作。

四、管理要求

1. 管理台账

有限空间作业前，应进行作业审批，填报《有限空间作业审批表》（表 3-1）。《有限空间作业审批表》应经单位审批责任人签字确认，审批责任人原则上为作业单位总经理或安全生产分管领导。

表 3-1　有限空间作业审批表

编号：

<table>
<tr><td>作业单位</td><td colspan="2"></td><td>有限空间名称</td><td></td></tr>
<tr><td>作业内容</td><td colspan="4"></td></tr>
<tr><td>申请作业时间</td><td colspan="4">年　月　日　时　分 至　年　月　日　时　分</td></tr>
<tr><td>作业负责人员</td><td></td><td rowspan="2" colspan="2">作业人员</td><td rowspan="2"></td></tr>
<tr><td>现场监护人员</td><td></td></tr>
<tr><td colspan="5">作业前气体含量检测值</td></tr>
<tr><td rowspan="3">检测气体类型及报警值</td><td>O_2</td><td>CO</td><td>H_2S</td><td>可燃气体</td></tr>
<tr><td rowspan="2">19.5%～23.5%</td><td rowspan="2">30 mg/m^3</td><td rowspan="2">10 mg/m^3</td><td>预警值：爆炸下限的 5%</td></tr>
<tr><td>报警值：爆炸下限的 10%</td></tr>
<tr><td rowspan="3">作业前气体检测结果</td><td></td><td></td><td></td><td></td></tr>
<tr><td colspan="4">其他：</td></tr>
<tr><td>检测人</td><td></td><td>检测时间</td><td>月　日　时　分</td></tr>
<tr><td>可能存在的危险有害因素</td><td colspan="4"></td></tr>
<tr><td>安全措施</td><td colspan="4">1. 制定有限空间作业方案，并经审核批准。□
2. 参加本次作业者经过有限空间作业安全相关培训，并考核合格。□
3. 作业前有限空间内气体检测符合作业要求。□
4. 安全防护设备、个体防护设备、作业设备和工具齐备及安全有效，满足要求。□
5. 应急救援设备设施满足要求。□</td></tr>
<tr><td>作业负责人意见</td><td colspan="4">作业负责人确认以上安全防护措施是否符合要求。是□　否□
作业负责人（签字）：　年　月　日</td></tr>
<tr><td>安全员意见</td><td colspan="4">安全员复核以上安全防护措施是否符合要求。是□　否□
安全员（签字）：　年　月　日</td></tr>
</table>

审批责任人意见	审批责任人是否批准作业：批准□　　不批准□ 审批责任人（签字）：　　　　年　月　日		
作业前安全交底			
交底内容			
实施作业全体人员	签字：		
作业完成后确认签字			
作业关闭时间	年　月　日　时　分	作业负责人	签字：
作业人员	签字：		

填表要求：1.《有限空间作业审批表》是进行有限空间作业的依据，不得涂改、代签。

2. 有限空间作业期间审批表需在现场保留，作业完成后交安全员备案。

3. 审批表由各单位统一连续编号，保存期为 1 年。

存在有限空间的单位应对本单位管辖区域内的有限空间进行辨识，建立有限空间管理台账（表 3-2），并及时更新。有限空间管理台账应包括有限空间位置、名称及编号、主要危险有害因素、可能事故后果、防护要求、作业形式、审批责任人和现场责任人等基本情况。

表 3-2　有限空间管理台账

单位名称：　　　　　　　　　　　　　　　　时间：　年　月　日

序号	有限空间位置	有限空间名称及编号	主要危险有害因素	可能事故后果	防护要求	作业形式（自行作业/发包作业）	审批责任人	现场责任人

有限空间作业的申请、审批、实施与关闭过程中产生的管理记录表单及文档应妥善保管，在作业关闭后，由作业负责人交安全员存档，存档保存至少 1 年。

2. 气体检测

气体检测注意事项如下：

①气体检测前，应对有限空间、连通管道及其周边环境进行调查，分析有限空间内可能存在的气体种类。

②应根据有限空间内可能存在的气体种类进行针对性检测，但应至少检测氧气、可燃气、硫化氢和一氧化碳。有限空间内气体环境复杂时，作业单位应委托具有相应检测能力的单位进行检测。

③有限空间内仍存在未清除的积水、积泥或物料残渣时，应先在有限空间外利用工具进行充分搅动，使有毒有害气体充分释放。

④检测人员应在有限空间外的上风侧使用泵吸式气体检测报警仪，如四合一气体检测仪、单一硫化氢气体检测仪（图 3-2、图 3-3）进行检测。若受出入口周边区域限制，检测人员可能受到内部涌出气流冲击时，应佩戴相应的呼吸防护用品。

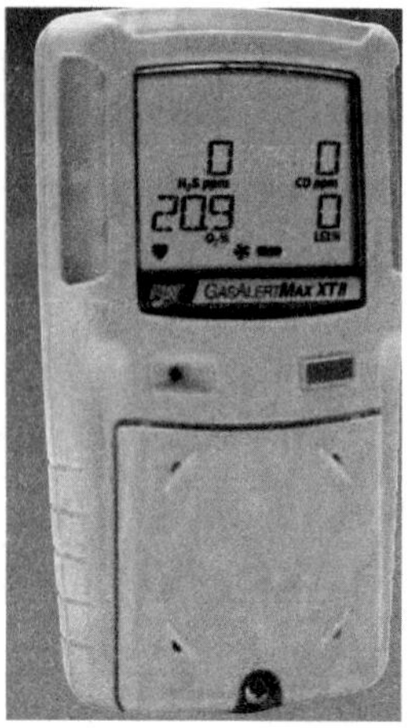

图 3-2 四合一气体检测仪

图 3-3 单一硫化氢气体检测仪

⑤检测应从出入口开始，沿人员进入有限空间的方向进行。垂直方向由上至下、水平方向由近至远。检测点的确定应满足以下要求：垂直方向检测的，设置检测点数量不应少于 3 个，上、下检测点距离有限空间顶部和底部均不应超过 1 m，中间检测点均匀分布，检测点之间的距离不应超过 8 m；水平方向检测的，设置检测点数量不应少于 2 个，近端点距离有限空间出入口不应小于 0.5 m，远端点距离有限空间出入口不应小于 2 m。

⑥每个检测点的检测时间，应大于仪器响应时间，并增加采样管的通气时间。

⑦每个检测点的每种气体应连续检测 3 次，检测数据的选取应符合以下要求：氧含

量检测数据在23.5%以下的取最低值，在23.5%以上的取最高值；其他气体检测数据取最高值。

⑧检测过程中，气体检测报警仪出现异常时，应立即将气体检测报警仪脱离检测环境，在洁净空气中待气体检测报警仪恢复正常后，方可进行下一次检测。

⑨气体检测结果应如实记录，内容应包括检测位置、检测时间、气体种类和浓度等信息。检测记录经检测人员签字后归档保存。

3. 机械通风

机械通风注意事项如下：

①作业环境存在爆炸危险的，应使用防爆型通风设备。

②机械通风时，应向有限空间输送清洁空气，不应使用纯氧进行通风。

③机械通风时，应在确保安全的前提下使用工具搅动作业空间底部的泥、水，以提前散发其中有毒有害气体。

④采用移动机械通风设备，如防爆型轴流风机（图3-4）时，应满足下列要求：有限空间仅有1个出入口时，应将通风设备出风口置于作业区底部进行送风，且不应触及有限空间底部；有限空间有2个或2个以上出入口、通风口时，应在邻近作业者处进行送风，远离作业者处进行排风。必要时，可设置挡板或改变吹风方向以防止出现通风死角。

⑤有限空间设置固定机械通风系统的，应全程运行。

图3-4 防爆型轴流风机

4. 安全教育培训

存在有限空间的单位应对相关人员每年至少组织1次有限空间作业安全专项培训，并符合以下要求：发包单位应对本单位有限空间作业安全管理人员进行培训；作业单位应对有限空间作业安全管理人员、作业负责人、监护者、作业者和应急救援人员进行培训。

有限空间作业安全培训应至少包含以下内容：有限空间作业安全相关法律法规；有限空间作业事故案例分析；有限空间作业安全管理要求；有限空间作业的危险有害因素

和安全防范措施；有限空间作业安全操作规程；安全防护设备、个体防护装备及应急救援设备设施的正确使用；紧急情况下的应急处置措施。

单位应做好培训记录，由参加培训的人员签字确认，并将培训签到记录、讲义和试卷等相关材料归档保存。

5. 防护设备设施配置与管理

作业单位应配备符合国家标准或行业标准要求的通风设备、检测设备、照明设备、通信设备等安全防护设备、个体防护装备及应急救援设备。

电气设备和照明设备应符合以下要求：

①有限空间作业环境存在爆炸危险的，使用的电气设备应满足防爆要求，符合《爆炸性环境　第1部分：设备通用要求》（GB 3836.1—2010）的规定；

②有限空间内使用的照明灯具其电压应不大于 24V，在积水、结露等潮湿环境的有限空间和金属容器中作业，照明灯具电压应不大于 12V。

应急救援设备包括但不限于全面罩正压式空气呼吸器等隔离式呼吸保护器具、应急通讯报警器材、大功率强制通风设备、应急照明设备如防爆手电（图 3-5）、救援三脚架（图 3-6）、安全绳、安全带、警戒隔离桩、隔离绳（带）等。应急救援设备设施应根据同时开展有限空间作业点的数量进行配置，并应符合以下要求：仅有 1 个作业点的，应在该作业点配置 1 套；有多个作业点的，应在作业点 400 m 范围内配置 1 套。

图 3-5　防爆手电

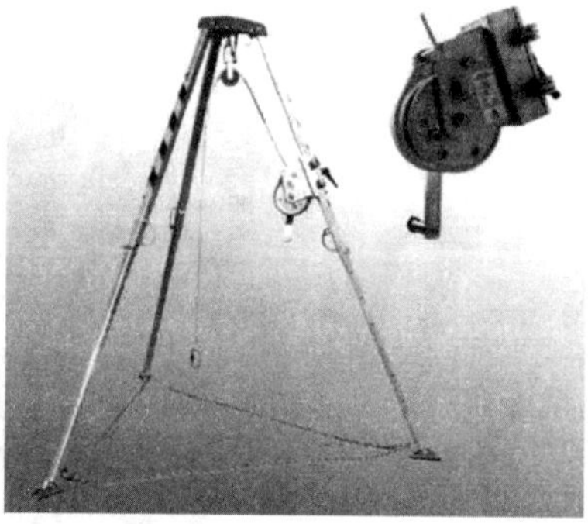

图 3-6　救援三脚架

应设置专人负责设备设施的维护、保养、检定、报废和更换等工作，发现设备设施缺失或影响安全使用时，应及时补充、修复或更换。

设备设施技术资料、说明书、维修记录和计量检定报告等应存档保存，并易于查阅。

6. 安全警示标识

作业单位应在有限空间出入口周边显著位置设置有限空间警示标牌（图 3-7）、有限空间作业安全告知牌（图 3-8），告知作业者存在的危险有害因素和防控措施，防止作业者在对作业环境不明的情况下进入现场，或未经许可人员进入作业现场。

图 3-7　有限空间警示标牌示例

图 3-8　有限空间作业安全告知牌示例

作业单位应在有限空间作业区域周边显著位置设置作业单位信息公示牌（图 3-9）。信息公示牌应至少包括作业单位名称及注册地址、作业审批责任人姓名及联系方式、作业负责人姓名及联系方式和作业内容等。

 禁止入内	有限空间作业现场信息公示
作业单位	
注册地址	
作业审批责任人	
联系电话	
现场作业负责人	
联系电话	
作业内容	
报警电话：120 、119	单位应急电话：

图 3-9　有限空间作业信息公示牌示例

7．发包作业管理

发包单位应将有限空间作业发包给具备安全生产条件的作业单位，并对作业单位的安全生产条件进行审核和存档保存。

发包单位应与作业单位签订有限空间作业安全生产管理协议，对各自的安全生产职责进行约定，有限空间作业安全生产管理协议的内容应包括以下内容：

①双方在场地、设备设施、人员等方面安全管理的职责分工；

②双方在承发包过程中的权利和义务；

③应急救援设备设施的提供方和管理方；

④对突发事件的应急救援职责分工、程序，以及各自应当履行的义务；

⑤其他需要明确的安全事项。

发包单位应向作业单位如实提供以下基本信息：

①有限空间内部结构特征；

②有限空间中盛装或残留物料种类、危害；

③与所作业的有限空间相连系统的基本情况；

④有限空间周围敷设或安装的管线、设施等情况。

发包单位应对作业单位有限空间作业安全生产工作统一协调、管理，开展安全检查，发现安全问题的，应及时督促整改。发包单位应对发包作业进行审批，并留存作业审批材料。

五、作业程序

1. 作业前准备

（1）制定作业方案并明确人员职责

实施有限空间作业前，作业单位应对作业环境及作业过程进行风险评估，分析可能存在的危险有害因素，提出消除、控制危害的措施，制定作业方案，并经本单位安全生产管理人员审核，负责人批准。作业单位应按照有限空间作业方案，明确作业负责人、监护者、作业者及其安全职责。

（2）作业审批

有限空间作业前，应进行作业审批。《有限空间作业审批表》应经单位审批责任人签字确认。

（3）安全交底

有限空间作业前，作业负责人应对实施作业的全体人员进行安全交底，告知作业内容、作业方案、作业现场可能存在的危险有害因素、作业安全要求及应急处置措施等，并履行签字确认手续。

（4）设备配置与检查

作业前，应对安全防护设备、个体防护装备、应急救援设备、作业设备和工具的齐备性和安全性进行检查，发现问题应立即补充、修复或更换。

（5）封闭作业区域及安全警示

作业前，应封闭作业区域，并在出入口周边显著位置设置有限空间作业安全告知牌及作业单位信息公示牌。夜间实施作业，应在作业区域周边显著位置设置警示灯，地面作业人员应穿戴高可视警示服；占用道路进行有限空间作业，应设置交通安全设施。

（6）清除置换

有限空间内盛装或残留的物料对作业存在危害时，应在作业前对物料进行清洗、清空或置换。如需排（降）水后作业，作业负责人应组织安装临时水泵将水排空或降低作业区域水位，达到安全水位（水深 0.2 m 以下）并保持作业期间水位不上升。

（7）安全隔离

存在可能危及有限空间作业安全的设备设施、物料及能源时，应采取封闭、封堵、切断能源等可靠的隔离（隔断）措施，并上锁挂牌或设专人看管。

（8）开启出入口进行自然通风

存在爆炸危险的，开启出入口时应采取防爆措施。作业人员应站在有限空间外上风侧开启出入口，进行自然通风。若受出入口周边区域限制，开启时可能受到内部涌出气流冲击时，人员应当佩戴相应的呼吸防护用品。

（9）初始评估检测和作业环境级别判定

自然通风结束后，作业负责人应对有限空间内气体进行检测，根据初始评估检测结果，对有限空间作业环境危害程度进行分级。3 级环境可实施作业，2 级环境和 1 级环境应进行机械通风。

（10）机械通风及再次评估检测和环境判定

机械通风：当有限空间环境等级为 1 级或 2 级时，应采取强制性持续通风措施，直至满足作业要求。

再次评估检测和环境判定：存在下列情况之一时，应对作业环境进行再次评估检测：

①机械通风后；

②气体检测时间与作业者进入作业时间间隔超过 10 min。

根据再次评估检测结果，对有限空间作业环境危险有害程度重新进行判定。2 级或 3 级环境，可实施作业。1 级环境，不应进行作业，应继续进行机械通风。

（11）个体防护

个体防护应注意：

①初始评估检测结果为 3 级环境的，作业者进入时宜佩戴正压式隔绝式呼吸防护用品；再次评估检测结果为 2 级或 3 级环境的，作业者进入时应佩戴正压式隔绝式呼吸防护用品。

②作业者进出有限空间过程中宜选择速差自控器配合安全带使用。

③当作业者活动区域与有限空间出入口间无障碍物时，作业者应佩戴安全绳。

④应根据不同作业环境，为作业者配备相应的个体防护装备，并满足以下要求：易燃易爆环境，应配备防静电服、防静电鞋；涉水作业环境，应配备防水服、防水胶鞋；当有限空间作业场所噪声大于 85 dB 时，应配备耳塞或耳罩。

（12）电气设备和照明安全

当有限空间存在可燃性气体和爆炸性粉尘时，施工单位还应配备可燃气体报警仪，符合防爆要求的检测、照明、通信设备，以及防静电工作服等。

2．作业

在确认作业环境、作业程序、安全防护设备、个体防护装备及应急救援设备设施符合要求后，作业负责人方可许可作业者进入有限空间作业。

在实施有限空间作业前，由作业负责人向实施作业的全体人员进行安全交底，告知作业内容、作业方案、作业现场可能存在的危险有害因素、作业安全要求及应急处置措施等，并履行签字确认手续。

有限空间作业现场应指定监护者，不得在没有监护者的情况下作业。作业者和监护者应当相互明确联络方式并始终保持有效沟通。

作业者进入有限空间时必须正确佩戴劳动防护设备及个人防护工具，使用踏步、安全梯的，应检查其牢固性和安全性。作业所需的工具、配件等必须使用工具袋递送，严禁抛扔。

监护者应在有限空间外全程持续监护，应持续监测外部环境变化和有限空间内的气体浓度，做好现场记录。

作业者在有限空间作业过程中，必须严格遵守有限空间作业安全操作规程和交底要求。当进入 2 级环境中作业时，作业者应携带便携式气体检测报警设备连续检测作业面气体浓度。

有限空间作业过程中应保持通风，并符合以下要求：3 级环境作业时，作业过程中应至少保持自然通风；非 3 级环境作业时或在有限空间内进行涂装作业、防水作业、防腐作业、焊接作业、动火作业、内燃机作业时，应在作业过程中持续进行机械通风。

作业中断超过 10 min，作业者再次进入有限空间作业前，应当重新确认环境条件和安全措施合格后方可进入；当作业内容和环境条件变更时，需要重新办理审批。

作业期间发生下列情况之一时，作业者应立即中断作业，撤离有限空间：作业者出现身体不适；安全防护设备或个体防护装备失效；气体检测报警仪报警；监护者或作业负责人下达撤离命令；其他可能危及作业者生命安全的情况。

3．作业关闭

作业完成后，作业者应将全部作业设备和工具带离有限空间。作业负责人清点作业人数及设备数量，确保有限空间内无人员和设备遗留后，关闭出入口。若当天未完成全部作业，作业责任人应监督作业者对有限空间作业区域进行警戒隔离或关闭入口。清理现场后，应解除作业区域封闭措施后撤离现场。

六、有限空间作业时需注意的安全事项

1．进入井、池作业的安全注意事项

①下井、池的作业人员必须经过安全技术培训，懂得人工急救的基本方法，明白防

护用具、照明器具和通信器具的使用方法。

②患高度近视、高血压、心脏病等严重慢性疾病及有外伤创口尚未愈合者不得从事井、池下作业。

③操作人员下井作业时，必须穿戴必要的防护用品，如悬托式安全带、安全帽、手套、防护鞋、防护服等。如果在已采取常规措施仍无法保证井下空气安全性而又必须下井时，严禁使用过滤式防毒面具和隔离式供氧面具，而应当佩戴供压缩空气的隔离式防护装具。

④有人在井下作业时，井上应有 2 人以上监护。如果进入管道，还应在井内增加监护人员作为中间联络人。无论出现什么情况，只要有人在井下作业，监护人员不得擅离职守。

⑤每次下井作业的时间不宜超过 1 h。

2．清通管道的安全注意事项

清通管道时应当尽量避免下井作业，如在检查管道内部情况时，最好采用反光镜照射等间接方法。必须下井时，要注意以下安全事项：

①下井作业前必须履行各种手续，检查井井盖开启后，必须设置护栏和明显标志。

②下井前必须提前打开检查井井盖及其上下游井盖进行自然通风，并用竹棒搅动井内泥水，以散发其中的有害气体。必要时可采用人工强制通风，使有毒有害气体含量降到允许值以下，而含氧量达到规定值。

③操作人员下井前必须进行气体检测，测定井下空气中常见的有毒有害气体的含量和含氧量，其含氧量不得少于 18%。准确量化的测定方法是使用多功能气体检测仪，检测方便快捷。简易的方法是将安全灯放入井内，如果缺氧，灯会熄灭；如果有易燃易爆气体（未达爆炸极限），灯熄灭前会爆闪。

④严禁进入管径 0.8 m 以下的管道作业，对井深不超过 3 m 的检查井，在穿竹片牵引钢丝绳和掏挖淤泥时，也不宜下井作业。

⑤井下严禁使用明火。照明必须使用防爆型设备，而且供电电压不得大于 12V。井下作业面上的照度要高于 50lx。

【任务练习】

1．哪些作业属于有限空间作业？

2．请列出有限空间作业环境各级所具备的条件。

3．请列出有限空间作业的工作过程。

（扫码获取参考答案）

模块 4　污水处理厂事故应急

【模块导入】

近年来，随着我国污水处理能力的增加，污水处理厂事故也开始出现。2014 年 7 月 2 日某污水处理厂职工在放气井内更换放气阀过程中发生中毒事故，造成 2 人死亡 1 人受伤。2017 年 5 月 29 日，河北某皮革公司污水处理厂在维修曝气池电机过程中发生中毒事故，造成 4 人死亡 2 人受伤。据不完全统计，我国污水处理厂事故的等级主要有一般事故和较大型事故这两大类，而且其中较大型事故发生的比例明显要高。为贯彻国家关于突发事件应对的法律、法规的要求，有效防范应对突发应急事件，保护人员生命安全，减少单位财产损失，污水处理厂应建立健全应急预案等规范性文件，坚持事故灾难应急和预防工作相结合，完善应急救援机构，用于指导和应对本单位突发事故。

项目 1　事故应急管理

任务 1　污水处理厂事故应急救援体系构建

【任务目标】

了解事故应急管理的过程、救援体系基本构成；熟悉事故应急救援体系响应机制和程序；掌握污水处理厂常见的应急救援物资。

【知识铺垫】

一、事故应急管理过程

应急管理是一个动态的过程，包括预防、准备、响应和恢复 4 个阶段。每一个阶段都有其明确的目标，并且每一个阶段都是建立在前一个阶段的基础上，4 个阶段相互关联，构成了事故应急管理的循环。

1. 预防

预防有两层含义：一是事故的预防工作，即通过安全管理和安全技术等手段，尽可能地防止事故的发生，实现本质安全；二是假定在事故必然发生的前提下，通过采取预防措施，达到降低或减缓事故的影响或后果的严重程度。

2. 准备

应急准备是指为有效应对突发事件而事先采取的各种措施的总称，包括意识、组织、机制、预案、队伍、资源、培训、演练等。

3. 响应

响应是指在突发事件发生以后所进行的各种紧急处置和救援工作。

4. 恢复

恢复是指突发事件的威胁和危害得到控制或者消除后所采取的处置工作，包括短期恢复和长期恢复。

二、事故应急救援体系的基本构成

由于潜在的重大事故风险多种多样，所以响应每一类事故灾难的应急救援措施可能千差万别，但其基本应急模式是一致的。构建应急救援体系，应贯彻顶层设计和系统论的思想，以事件为中心，以功能为基础，分析和明确应急救援工作的各项需求，在应急能力评估和应急资源统筹安排的基础上，科学地建立规范化、标准化的应急救援体系，保障各级应急救援体系的统一和协调。

一个完整的应急救援体系应由组织体制、运作机制、法制基础和应急保障系统 4 个部分构成。

1. 组织体制

应急救援体系组织体制建设中的管理机构是指维持应急日常管理的负责部门；功能部门包括与应急活动有关的各类组织机构，如消防、医疗机构等；应急指挥是在应急预案启动后，负责应急救援活动场外与场内指挥系统；而救援队伍则由专业和志愿人员组成。

2. 运作机制

应急救援活动一般划分为应急准备、初级响应、扩大应急和应急恢复 4 个阶段，应急机制与这 4 个阶段的应急活动密切相关。应急运作机制主要由统一指挥、分级响应、属地为主和公众动员这 4 个基本机制组成。

统一指挥是应急活动的最基本原则。应急指挥一般可分为集中指挥与现场指挥，或场外指挥与场内指挥等。无论采用哪一种指挥系统，都必须实行统一指挥的模式，无论应急救援活动涉及单位的行政级别高或低还是隶属关系不同，都必须在应急指挥部的统一组织协调下行动，有令则行，有禁则止，统一号令，步调一致。

分级响应是指在初级响应到扩大应急的过程中实行的分级响应的机制。扩大或提高应急级别的主要依据是事故灾难的危害程度，影响范围和控制事态能力。影响范围和控制事态能力是“升级”的最基本条件。扩大应急救援主要是提高指挥级别、扩大应急范围等。属地为主强调“第一反应”的思想和以现场应急、现场指挥为主的原则。公众动员机制是应急机制的基础，也是整个应急体系的基础。

3．法制基础

法制建设是应急体系的基础和保障，也是开展各项应急活动的依据，与应急有关的法规可分为 4 个层次：①由立法机关通过的法律，如紧急状态法等；②由政府颁布的规章，如应急救援管理条例等；③包括预案在内的以政府令形式颁布的政府法令、规定等；④与应急救援活动直接有关的标准或管理办法等。

4．保障系统

列于应急保障系统第一位的是信息与通信系统，构筑集中管理的信息通信平台是应急体系最重要的基础建设。应急信息通信系统要保证所有预警、报警、警报、报告、指挥等活动的信息交流快速、顺畅、准确，以及信息资源共享；物资与装备不仅要保证有足够的资源，而且还要实现快速、及时供应到位；人力资源保障包括专业队伍的加强、志愿人员以及其他有关人员的教育培训；应急财务保障应建立专项应急科目，如应急基金等，以保障应急管理运行和应急反应中各项活动的支出。

三、事故应急救援体系的响应机制

污水处理厂重大事故应急救援体系应根据事故的性质、严重程度、事态发展趋势和控制能力实行分级响应机制，对不同的响应级别，相应地明确事故的通报范围、应急中心的启动程度、应急力量的出动和设备、物资的调集规模、疏散的范围、应急总指挥的职位等。典型的响应级别通常可分为以下三级：

1．一级紧急情况

必须利用所有有关部门及一切资源的紧急情况，或者需要各个部门同外部机构联合处理的各种紧急情况，通常要宣布进入紧急状态。在该级别中，作出主要决定的职责通常是紧急事务管理部门。现场指挥部可在现场作出保护生命和财产以及控制事态所必需的各种决定。解决整个紧急事件的决定，应该由紧急事务管理部门负责。

2．二级紧急情况

需要两个或更多个部门响应的紧急情况。该事故的救援需要有关部门的协作，并且提供人员、设备或其他资源。该级响应需要成立现场指挥部来统一指挥现场的应急救援行动。

3. 三级紧急情况

能被一个部门正常可利用的资源处理的紧急情况。正常可利用的资源指在该部门权力范围内通常可以利用的应急资源，包括人力和物力资源等。必要时，该部门可以建立一个现场指挥部，所需的后勤支持、人员或其他资源增援由本部门负责解决。

四、事故应急救援体系响应程序

污水处理厂事故应急救援系统的应急响应程序按过程可分为接警与响应级别确定、应急启动、救援行动、应急恢复和应急结束等过程。

1. 接警与响应级别确定

接到事故报警后，按照工作程序，对警情做出判断，初步确定相应的响应级别。如果事故不足以启动应急救援体系的最低响应级别，响应关闭。

2. 应急启动

应急响应级别确定后，按所确定的响应级别启动应急程序，如通知应急中心有关人员到位、开通信息与通信网络、通知调配救援所需的应急资源（包括应急队伍、应急物资、应急装备等）、成立现场指挥部等。

3. 救援行动

有关应急队伍进入事故现场后，迅速开展事故侦测、警戒、疏散、人员救助、工程抢险等有关应急救援工作，专家组为救援决策提供建议和技术支持。当事态超出响应级别无法得到有效控制时，应向应急中心请求实施更高级别的应急响应。

4. 应急恢复

救援行动结束后，进入临时应急恢复阶段。该阶段主要包括现场清理、人员清点和撤离、警戒解除、善后处理和事故调查等。

5. 应急结束

执行应急关闭程序，由事故总指挥宣布应急结束。

五、现场指挥系统的组织结构

重大事故的现场情况往往十分复杂，且汇集了各方面的应急力量与大量的资源，应急救援行动的组织、指挥和管理成为重大事故应急工作所面临的一个严峻挑战。应急过程中存在的主要问题有：

①太多的人员向事故指挥官汇报；

②应急响应的组织结构各异，机构间缺乏协调机制，且术语不同；

③缺乏可靠的事故相关信息和决策机制，应急救援的整体目标不清或不明；

④通信不兼容或不畅；

⑤授权不清或机构对自身现场的任务、目标不清。

对事故势态的管理方式决定了整个应急行动的效率。为保证现场应急救援工作的有效实施，必须对事故现场的所有应急救援工作实施统一的指挥和管理，即建立事故指挥系统，形成清晰的指挥链，以便及时地获取事故信息、分析和评估势态，确定救援的优先目标，决定如何实施快速、有效的救援行动和保护生命的安全措施，指挥和协调各方应急力量的行动，高效地利用可获取的资源，确保应急决策的正确性和应急行动的整体性和有效性。

现场应急指挥系统的结构应当在紧急事件发生前就已建立，预先对指挥结构达成一致意见，将有助于保证应急各方明确各自的职责，并在应急救援过程中更好地履行职责。现场指挥系统模块化的结构由指挥、行动、策划、后勤以及资金/行政共五个核心应急响应职能组成。

1．指挥

事故指挥官负责现场应急响应所有方面的工作，包括确定事故目标及实现目标的策略，批准实施书面或口头的事故行动计划，高效地调配现场资源，落实保障人员安全与健康的措施，管理现场所有的应急行动。事故指挥官可将应急过程中的安全问题、信息收集与发布以及与应急各方的通信联络分别指定相应的负责人，如信息负责人、联络负责人和安全负责人等。各负责人直接向事故指挥官汇报。其中，信息负责人负责及时收集、掌握准确完整的事故信息，包括事故原因、大小、当前的形势、使用的资源和其他综合事务，并向新闻媒体、应急人员及其他相关机构和组织发布事故的有关信息；联络负责人负责与有关支持和协作机构联络，包括到达现场的上级领导、地方政府领导等；安全负责人负责对可能遭受的危险或不安全情况提供及时、完善、详细、准确的危险预测和评估，制定并向事故指挥官建议确保人员安全和健康的措施，从安全方面审查事故行动计划，制订现场安全计划等。

2．行动

行动部负责所有主要的应急行动，包括消防与抢险、人员搜救、医疗救治、疏散与安置等。所有的行动都依据事故行动计划来完成。

3．策划

策划部负责收集、评价、分析及发布事故相关的信息，准备和起草事故行动计划，并对有关的信息进行归档。

4．后勤

后勤部负责为事故的应急响应提供设备、设施、物资、人员、运输、服务等。

5．资金/行政

资金/行政部负责跟踪事故的所有费用并进行评估，承担其他职能未涉及的管理职责。

事故现场指挥系统的模块化结构的一个最大优点是允许根据现场的行动规模，灵活启用指挥系统相应的部分结构，因为很多的事故可能并不需要启动策划、后勤或资金/行政模块。需要注意的是，对没有启用的模块，其相应的职能由现场指挥官承担，除非明确指定给某一负责人。当事故规模进一步扩大，响应行动涉及跨部门、跨地区或上级救援机构加入时则可能需要开展联合指挥，即由各有关主要部门代表成立联合指挥部，该模块化的现场系统则可以很方便地扩展为联合指挥系统。

六、污水处理厂常见应急装备物资的准备和使用

1．正压式空气呼吸器的准备和使用

正压式空气呼吸器是使用压缩空气的带气源的呼吸器，它依靠使用者背负的气瓶供给空气。气瓶中高压压缩空气被高压减压阀降为中压，然后通过需求阀进入呼吸面罩，并保持一个可自由呼吸的压力。主要适用于污水处理厂有限空间作业事故应急救援、消防救援、二氧化氯泄漏救援等（图 4-1）。

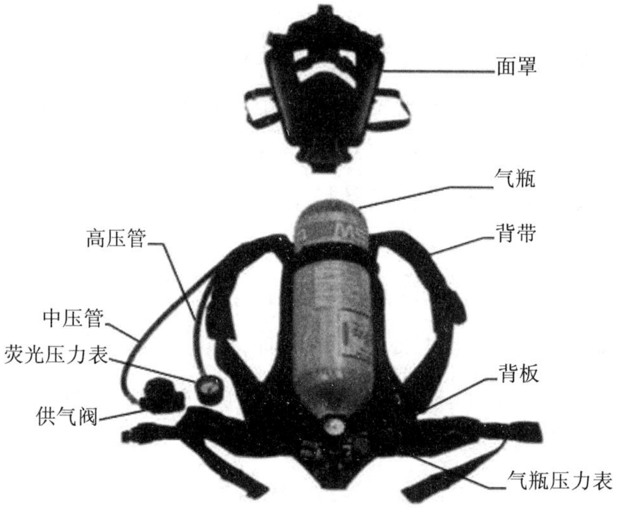

图 4-1　正压式空气呼吸器部件

（1）使用前的检查

1）检查面罩

检查面罩视窗是否清晰完好，无划痕、无裂痕、无模糊不清；检查系带是否完好，不缺，不断；戴好面罩，用手掌捂住呼吸道，检查是否密封不透气，无“咝咝”的响声。

2）检查肩带和腰带

检查腰带组、卡扣是否完好无损；边检查边调整肩带、腰带长短（根据本人身体调整长短）。

3）检查气瓶及气管气密性

将气瓶固定在背托上牢靠，检查各压力表、管线是否连接紧固，不松动不漏气，打开瓶阀检查瓶内气体压力是否大于 25MPa，关闭瓶阀，在 1 min 内压力是否下降小于 1 MPa。

（2）穿戴使用

1）瓶体佩戴

佩戴时，先用双手抓住背托将呼吸器举过头顶，双手松开背托，双手快速上举，背托落在人体背部（气瓶开关在下方），双手扣住身体两侧肩带 D 形环，身体前倾，向后下方拉紧，直到肩带及背架与身体充分贴合；扣紧腰带、拉紧（图 4-2）。

2）面罩佩戴

将面罩长系带带好，一只手托住面罩将面罩口鼻罩与脸部完全贴合，另一只手将头带后拉罩住头部，收紧头带，收紧程度以既要保证气密又感觉舒适、无明显的压痛为宜（图 4-3）。

图 4-2 瓶体佩戴示意

图 4-3 面罩佩戴示意

3）连接供气阀

气瓶阀开到底，报警哨应有一次短暂的发声，同时看压力表，检查充气压力。将供气阀接口与面罩连接，进行 2～3 次深呼吸，感觉舒畅，说明一切正常，完成以上步骤即可正常呼吸，完成穿戴（图 4-4）。

4）脱卸呼吸器

到达安全区域后，拔开快速接头；关闭气瓶开关；将面罩系带卡子松开，摘下面罩；先松腰带，再松肩带，从身上卸下呼吸器；按下快速接头上的黄色按钮，排空管路空气，压力表指针回零。

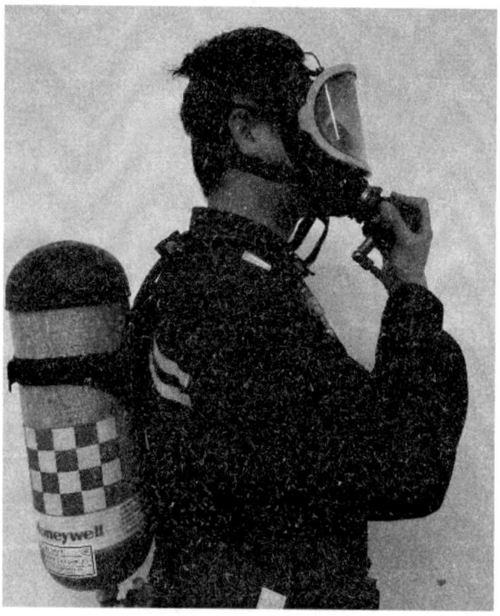

图 4-4　连接供气阀示意

2．干粉灭火器的准备和使用

①检查灭火器是否在正常的工作压力范围。灭火器压力表分为三个颜色区，黄色表示压力充足，绿色表示压力正常，红色表示欠压（图 4-5）。

②将灭火器上下颠倒几次，使里面干粉松动。

③拔掉保险销，一只手握住压把，另一只手抓好喷管（图 4-6）。

④将灭火器竖直放置，一手用力按下压把，另一只手持软管对准火焰根部扫射。

图 4-5　灭火器压力表

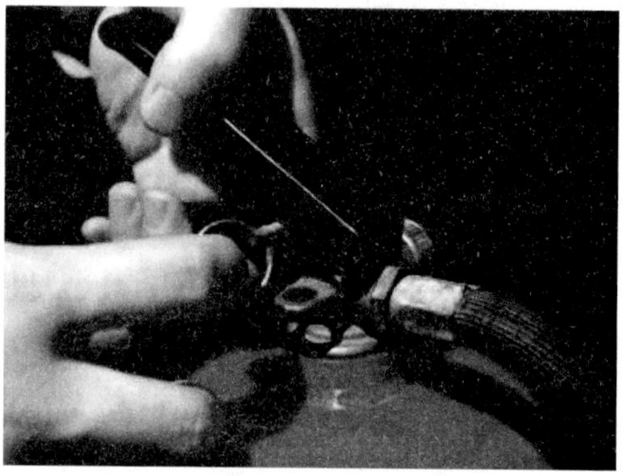

图 4-6　灭火器保险销

3．二氧化碳灭火器的准备和使用

①调整灭火器喇叭筒角度，一般向上旋转 70°～90°。

②拔掉灭火器保险销。

③一只手握住灭火器压把，另一只手握住喇叭筒手柄，若无手柄则托住灭火器瓶底部（严禁用手直接握持灭火器喇叭筒或出口金属管，以防冻伤）。

④用力按下压把，对准火源根部进行扫射（图 4-7）。

图 4-7　二氧化碳灭火器

七、应急救援台账示例

污水处理厂应急救援体系的建立可以以台账的形式组建，某污水处理厂应急救援台账如表 4-1 所示。

表 4-1　某污水处理厂应急救援台账

序号	文件名	方式
1	关于成立安全生产应急管理小组的通知	以文件形式发布
2	应急演练年度计划表	每年一次
3	应急设施、装备、物资清单及检查、维护、保养记录	实时登记
4	应急救援预案	以文件形式发布
5	应急救援人员训练计划表	每年一份
6	应急救援人员日常训练记录	实时登记
7	应急演练方案、记录	实时登记
8	应急演练评估效果表	实时登记
9	事故应急救援报告	实时登记
10	急救箱药品清单	实时登记

【任务练习】

1．事故应急管理包括哪几个过程？每个过程的主要内容是什么？

2．列出污水处理厂重大事故应急救援体系架构。

3．南方某新建污水处理厂需要有效防范应对突发应急事件，构建事故应急管理体系，请以台账的形式列出需要完成的工作内容。

（扫码获取参考答案）

任务 2　污水处理厂事故应急救援预案策划与编制

【任务目标】

了解事故应急预案体系及编制过程；熟悉污水处理厂事故应急预案的核心要素；掌握污水处理厂常见专项应急预案。

【知识铺垫】

一、策划应急预案时应考虑的因素

事故应急预案在应急系统中起着关键作用，它明确了在突发事故发生之前、发生过程中以及刚刚结束之后，谁负责做什么、何时做，以及相应的策略和资源准备等。它是针对可能发生的重大事故及其影响和后果的严重程度，为应急准备和应急响应的各个方面所预先作出的详细安排，是开展及时、有序和有效事故应急救援工作的行动指南。应急预案需要策划及编制，策划应急预案时应做到重点突出，能够反映主要的重大事故风险，并避免预案相互孤立、交叉和矛盾。策划重大事故应急预案时应充分考虑下列因素：

①重大危险普查的结果，包括重大危险源的数量、种类及分布情况，重大事故隐患情况等。

②本地区的地质、气象、水文等不利的自然条件（如地震、洪水、台风等）及其影响。

③本地区以及国家和上级机构已制定的应急预案的情况。

④本地区以往灾难事故的发生情况。

⑤功能区布置及相互影响情况。

⑥周边重大危险可能带来的影响。

⑦国家及地方相关法律法规的要求。

二、事故应急预案体系

污水处理厂的应急预案体系主要由综合预案、专项预案和现场处置方案构成。污水处理厂应根据本单位组织管理体系、生产规模、危险源的性质以及可能发生的事故类型确定应急预案体系，并可根据本单位的实际情况，确定是否编制专项应急预案。风险因素单一的小微型污水处理厂可只编写现场处置方案。事故应急预案的层次见图 4-8。

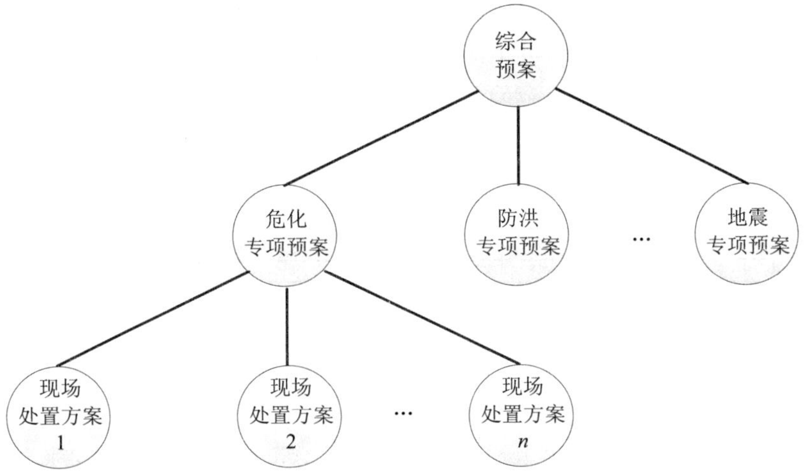

图 4-8　事故应急预案的层次

1. 综合预案

综合预案是污水处理厂以及预案体系的总纲，它从总体上阐述事故的应急工作原则，包括污水处理厂的应急组织机构及职责、应急预案体系、事故风险描述、预警及信息上报、应急响应、保障措施、应急预案管理等内容。综合预案可以作为本单位应急救援工作的基础和“底线”，对于那些没有预料到的紧急情况也能起到一般的应急指导作用。

2. 专项预案

专项预案是污水处理厂为应对某一类型或某几个类型事故，或针对某个重要生产设施、重大危险源、重大活动等内容而制定的应急预案。专项预案主要包括事故风险分析、应急指挥机构及职责、处置程序和措施等。

专项预案是建立在综合预案的基础之上，充分考虑了某种特定危险的特点，具有较强的针对性，例如，某污水处理厂的化学品泄漏事故专项应急预案。

3. 现场处置方案

现场处置方案是污水处理厂根据不同事故类型，针对具体的场所、装置或设施所制定的应急处置措施，主要包括事故风险分析、应急处置和注意事项等内容。

现场处置方案是建立在专项预案的基础之上，特点是针对某一具体场所的该类特殊危险及周边环境情况，例如污水处理厂的氯酸钠泄漏事故现场处置方案。

某污水处理厂的应急预案体系如图 4-9 所示。

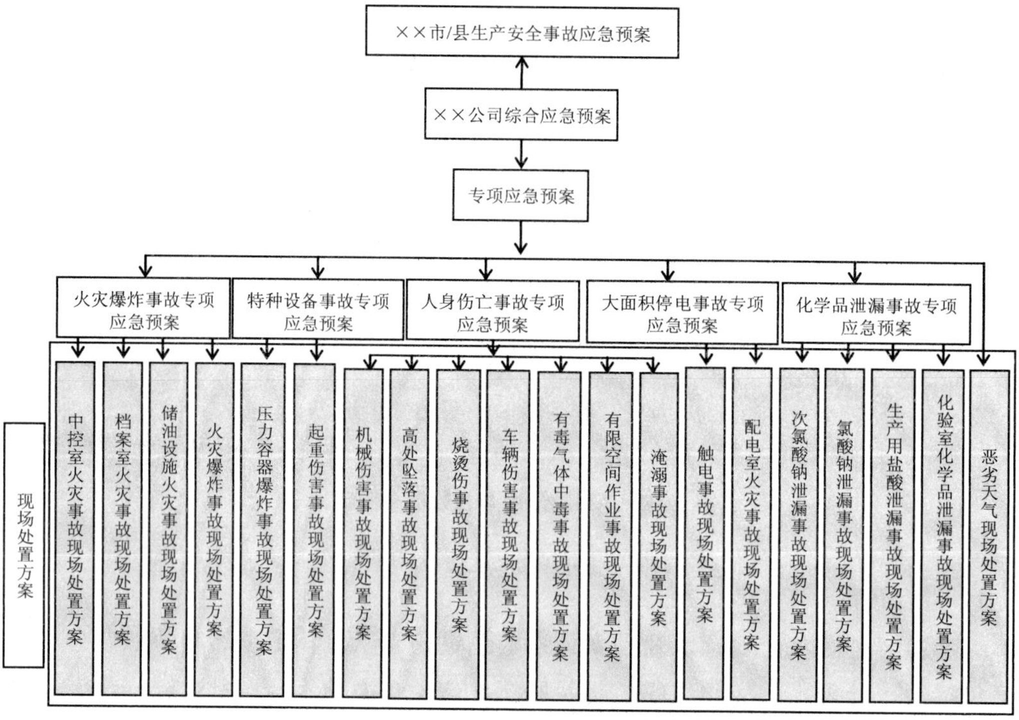

图 4-9　某污水处理厂应急预案体系

三、应急预案的文件体系

从广义上来说，应急预案是一个由各级文件构成的文件体系。它不仅是应急预案本身，也包括针对某个特定的应急任务或功能所制定的工作程序。一个完整的应急预案的文件体系包括预案、程序、指导书、记录，是一个四级文件体系。

（1）预案（一级文件）

由一系列为实现应急管理政策和目标而制定的紧急情况管理程序组成，包括对紧急情况的应急准备、现场应急、恢复以及训练等。

（2）程序（二级文件）

说明某个行动的目的和范围。程序的内容十分具体，如要阐明为什么要做、该做什么、由谁去做、什么时间和什么地点等。

（3）指导书（三级文件）

对程序中的特定任务及某些行动细节进行说明，供应急组织内部人员或其他人使用，如应急队员职责说明书、应急过程检测设备使用说明书等。

（4）应急行动记录（四级文件）

包括在应急行动期间所做的通信记录、应急队员进出事故危险区的记录、向政府部门递交报告的记录、每一步应急行动的记录等。

从预案到记录，层层展开，共同构成了一个完善的预案文件体系，从文件管理的角度来看，可以根据这四类预案文件等级分别进行归类管理，既保持了预案文件的完整性，又因其清晰的条理便于查阅和调用。

四、应急预案的编制过程

应急预案的编制应包括以下五个过程：

（1）成立预案编制小组

成立由各有关部门组成的预案编制小组，指定负责人。

（2）危险分析和应急能力评估

辨识可能发生的重大事故风险，并进行影响范围和后果分析（即危险辨识、危险分析和风险评价）；分析应急资源需求，评估现有的应急能力。

（3）编制应急预案

根据危险辨识、危险分析、风险评价和应急能力评估的结果，确定最佳的应急策略。

（4）应急预案的评审与发布

预案编制后应组织开展预案的评审工作，包括内部评审和外部评审，以确保应急预案的科学性、合理性以及与实际情况的符合性。预案经评审完善后，由主要负责人签署发布，并按规定报送上级有关部门备案。

（5）应急预案的实施

预案经批准发布后，应组织落实预案中的各项工作，如开展应急预案宣传、教育和培训，落实应急资源并定期检查，组织开展应急演习和训练，建立电子化的应急预案，对应急预案实施动态管理与更新，并不断完善。

五、污水处理厂事故应急预案核心要素及编制要求

应急预案是针对可能发生的重大事故所需的应急准备和应急响应行动而制定的指导性文件，其核心内容如下：

①对紧急情况或事故灾害及其后果的预测、辨识和评估。

②规定应急救援各方组织的详细职责。

③应急救援行动的指挥与协调。

④应急救援中可用的人员、设备、设施、物资、经费保障和其他资源，包括社会和外部援助资源等。

⑤在紧急情况或事故灾害发生时保护生命、财产和环境安全的措施。

⑥现场恢复。

⑦其他，如应急培训和演练、法律法规的要求等。

应急预案是整个应急管理体系的反映，它不仅包括事故发生过程中的应急响应和救援措施，还包括事故发生前的各种应急准备和事故发生后的紧急恢复，以及预案的管理与更新等。因此，一个完善的应急预案按相应的过程可包含6个一级关键要素：①方针与原则；②应急策划；③应急准备；④应急响应；⑤现场恢复；⑥预案管理与评审改进。

这6个一级要素之间既相对独立，又紧密联系，从应急的方针、策划、准备、响应、恢复到预案的管理与评审改进，形成了一个有机联系并持续改进的体系结构。根据一级要素中所包括的任务和功能，其中应急策划、应急准备和应急响应 3 个一级关键要素还可进一步划分为若干个二级要素。所有这些要素即构成了重大事故应急预案的核心要素，是重大事故应急预案编制所应当涉及的基本方面。在实际编制时，可根据职能部门的设置和职责分配等具体情况，将要素进行合并或增加，以便于组织编写。

1. 方针与原则

应急救援体系首先应有一个明确的方针和原则来作为指导应急救援工作的纲领。方针与原则反映了应急救援工作的优先方向、政策、范围和总体目标，如保护人员安全优先、防止和控制事故蔓延优先、保护环境优先等。此外，方针与原则还应体现事故损失控制、预防为主、常备不懈、统一指挥、高效协调以及持续改进的思想。

2. 应急策划

应急预案是有针对性的，具有明确的对象，其对象可能是某一类或多类可能的重大事故类型。应急预案的制定必须基于对潜在事故类型有一个全面系统的认识和评价，能够识别出重要的潜在事故类型、性质、区域、分布及事故后果；同时，根据危险分析的结果，分析应急救援的应急力量和可用资源情况，并提出建设性意见。在进行应急策划时，应当列出国家、地方相关的法律法规，以作为预案的制定、应急工作的依据和授权。应急策划包括危险分析、资源分析和法律法规要求 3 个二级要素。

（1）危险分析

危险分析的最终目的是明确应急的对象（可能存在的重大事故）、事故的性质及其影响范围、后果严重程度等，为应急准备、应急响应和减灾措施提供决策和指导依据。危险分析应依据国家和地方有关的法律法规要求，根据具体情况进行。危险分析的结果应能提供：

①地理、人文（包括人口分布）、地质、气象等信息；

②功能布局（包括重要保护目标）及交通情况；

③重大危险源分布情况及主要危险物质种类、数量及理化、消防等特性；

④可能的重大事故种类及对周边的后果分析；

⑤特定的时段（如人群高峰时间、度假季节、大型活动等）；

⑥可能影响应急救援的不利因素。

（2）资源分析

针对危险分析所确定的主要危险，明确应急救援所需的资源，列出可用的应急力量和资源，包括：

①各类应急力量的组成及分布情况；

②各种重要应急设备、物资的准备情况；

③上级救援机构或周边可用的应急资源。

通过资源分析，可为应急资源的规划与配备、与相邻地区签订应急资源互助协议和预案编制提供指导。

（3）法律法规要求

有关应急救援的法律法规是开展应急救援工作的重要前提保障。应急策划时，应列出国家、省、地方涉及应急各部门职责要求以及应急预案、应急准备和应急救援的法律法规文件，以作为预案编制和应急救援的依据和授权。

3．应急准备

应急预案能否在应急救援中成功地发挥作用，不仅取决于应急预案自身的完善程度，还取决于应急准备得充分与否，应急准备应当依据应急策划的结果开展，包括各应急组织及其职责权限的明确、应急资源的准备、公众教育、应急人员培训、预案演练和应急资源互助协议的签署等。

（1）机构与职责

为保证应急救援工作能够反应迅速、协调有序，必须建立完善的应急机构组织体系，包括应急管理的领导机构、应急响应中心以及各有关机构部门等。对应急救援中承担任务的所有应急组织，应明确其相应的职责、负责人、候补人及联络方式。

（2）应急资源

应急资源的准备是应急救援工作的重要保障，应根据潜在事故的性质和后果分析，合理组建专业和社会救援力量，配备应急救援中所需的消防手段、各种救援机械和设备、监测仪器、堵漏和清消材料、交通工具、个体防护设备、医疗设备和药品、生活保障物资等，并定期检查、维护与更新，保证始终处于完好状态。另外，对应急资源信息应实施有效的管理与更新。

（3）教育、训练与演习

为全面提高应急能力，应急预案应对公众教育、应急训练和演习做出相应的规定，包括其内容、计划、组织与准备、效果评估等。公众意识和自我保护能力是减少重大事故伤亡不可忽视的一个重要方面。作为应急准备的一项内容，应对公众的日常教育做出规定，尤其是位于重大危险源周边的人群，使他们了解潜在危险的性质和对健康的危害、掌握必要的自救知识，了解预先指定的主要及备用疏散路线和集合地点，了解各种警报的含义和应急救援工作的有关要求。

应急训练的基本内容主要包括基础培训与训练、专业训练、战术训练及其他训练等。

1）基础培训与训练

基础培训与训练的目的是保证应急人员具备良好的体能、战斗意志和作风，明确各自的职责，熟悉潜在的重大危险的性质、救援的基本程序和要领，熟练掌握个人防护装备和通信装备的使用等。

2）专业训练

专业训练关系到应急队伍的实战能力，训练内容主要包括专业常识、堵源技术、抢运和清消及现场急救等技术。

3）战术训练

战术训练是各项专业技术的综合运用，使各级指挥员和救援人员具备良好的组织指挥能力和应变能力。

4）其他训练

其他训练应根据实际情况，选择开展如防化、气象、侦检技术、综合训练等项目的训练，以进一步提高救援队伍的救援水平。

预案演习是对应急能力的综合检验。应急演习包括桌面演习和实战模拟演习。组织由应急各方参加的预案训练和演习，使应急人员进入“实战”状态，熟悉各类应急处理和整个应急行动的程序，明确自身的职责，提高协同作战的能力。同时，应对演练的结果进行评估，分析应急预案存在的不足，并予以改进和完善。

（4）互助协议

当有关的应急力量与资源相对薄弱时，应事先寻求与邻近区域签订正式的互助协议，并做好相应的安排，以便在应急救援中及时得到外部救援力量和资源的援助。此外，也应与社会专业技术服务机构、物资供应企业等签署相应的互助协议。

4．应急响应

应急响应包括应急救援过程中一系列需要明确并实施的核心应急功能和任务，这些核心功能具有一定的独立性，但相互之间又密切联系，构成了应急响应的有机整体。应急响应的核心功能和任务包括接警与通知、指挥与控制、警报和紧急公告、通信、事态监测与评估、警戒与治安、人群疏散与安置、医疗与卫生、公共关系、应急人员安全、消防和抢险、泄漏物控制等。

（1）接警与通知

准确了解事故的性质和规模等初始信息，是决定是否启动应急救援的关键。接警作为应急响应的第一步，必须对接警要求做出明确规定，保证迅速、准确地向报警人员询问事故现场的重要信息。接警人员接到报警后，应按预先确定的通报程序，迅速向有关应急机构、政府及上级部门发出事故通知，以采取相应的行动。

（2）指挥与控制

重大事故的应急救援往往涉及多个救援机构，对应急行动的统一指挥和协调是应急救援有效开展的关键。因此应建立分级响应、统一指挥、协调和决策程序，以便对事故进行初始评估，确认紧急状态，迅速有效地进行应急响应决策，建立现场工作区域，确定重点保护区域和应急行动的优先原则，指挥和协调现场各救援队伍开展救援行动，合理高效地调配和使用应急资源。

（3）警报和紧急公告

当事故可能影响到周边地区，对周边地区的公众可能造成威胁时，应及时启动警报系统，向公众发出警报，同时通过各种途径向公众发出紧急公告，告知事故性质、对健康的影响、自我保护措施、注意事项等，以保证公众能够及时作出自我防护响应。决定实施疏散时，应通过紧急公告确保公众了解疏散的有关信息，如疏散时间、路线、随身携带物、交通工具及目的地等。

该部分应明确在发生重大事故时，如何向受影响的公众发出警报，包括什么时候，谁有权决定启动警报系统，各种警报信号的不同含义，警报系统的协调使用、可使用的警报装置的类型和位置，以及警报装置覆盖的地理区域。如果可能，应指定备用措施。

（4）通信

通信是应急指挥、协调和与外界联系的重要保障，在现场指挥部、应急中心、各应急救援组织、新闻媒体、医院、上级政府和外部救援机构等之间，必须建立畅通的应急通信网络。该部分应说明主要通信系统的来源、使用、维护以及应急组织通信需要的详细情况等，并充分考虑紧急状态下的通信能力和保障，并建立备用的通信系统。

（5）事态监测与评估

事态监测与评估在应急救援和应急恢复决策中具有关键的支持作用。在应急救援过程中必须对事故的发展势态及影响及时进行动态的监测，建立对事故现场及场外监测和评估的程序。其中包括：由谁来负责监测与评估活动，监测仪器设备及监测方法，实验室化验及检验支持，监测点的设置，监测点的现场工作及报告程序等。

（6）警戒与治安

为保障现场应急救援工作的顺利开展，在事故现场周围建立警戒区域，实施交通管制，维护现场治安秩序是十分必要的。其目的是防止与救援无关的人员进入事故现场，保障救援队伍、物资运输和人群疏散等工作的交通畅通，并避免发生不必要的伤亡。此外，警戒与治安还应该协助发出警报、现场紧急疏散、人员清点、传达紧急信息、执行指挥机构的通告、协助事故调查等。对危险物质事故，必须列出警戒人员有关个体防护的准备。

（7）人群疏散与安置

人群疏散是减少人员伤亡扩大的关键，也是最彻底的应急响应。应当对疏散的紧急情况和决策、预防性疏散准备、疏散区域、疏散距离、疏散路线、疏散运输工具、安全蔽护场所以及回迁等作出细致的规定和准备，应充分考虑疏散人群的数量、所需要的时间和可利用的时间、风向等环境变化，以及老弱病残等特殊人群的疏散等问题。对已实施临时疏散的人群，要做好临时生活安置，保障必要的水、电、卫生等基本条件。

（8）医疗与卫生

对受伤人员采取及时有效的现场急救以及合理地转送医院进行治疗，是减少事故现场人员伤亡的关键。在该部分应明确针对可能的重大事故，为现场急救、伤员运送、治疗及健康监测等所做的准备和安排，包括可用的急救资源列表，如急救中心、救护车和现场急救人员的数量；医院、职业中毒治疗及烧伤等专科医院的列表，如数量、分布、可用病床数量、治疗能力等；抢救药品、医疗器械、消毒、解毒药品等物资的城市内、外来源和供给；医疗人员必须了解区域内主要危险对人群造成伤害的类型，并经过相应的专业培训，掌握对危险化学品受伤害人员进行正确消毒和治疗的方法。

（9）公共关系

重大事故发生后，不可避免地会引起新闻媒体和公众的关注。因此，应将有关事故的信息、影响、救援工作的进展等情况及时向媒体和公众进行统一发布，以消除公众的恐慌心理，防止谣言的产生、控制谣言的传播，避免公众的猜疑和不满。该部分应明确信息发布的审核和批准程序，保证发布信息的统一性；指定新闻发言人，适时举行新闻发布会，准确发布事故信息，及时澄清事故传言；为公众咨询、接待、安抚受害人员家属作出安排。

（10）应急人员安全

重大事故尤其是涉及危险物质的重大事故的应急救援工作危险性极大，必须对应急人员自身的安全问题进行周密的考虑，包括安全预防措施、个体防护等级、现场安全监测等，明确应急人员进出现场和紧急撤离的条件和程序，保证应急人员的安全。

（11）消防和抢险

消防和抢险是应急救援工作的核心内容之一，其目的是尽快控制事故的发展，防止事故的蔓延和进一步扩大，从而最终控制住事故，并积极营救事故现场的受害人员。尤其是涉及危险物质的泄漏、火灾事故，其消防和抢险工作的难度和危险性巨大。该部门应对消防和抢险工作的组织、相关消防抢险设施、器材和物资、人员的培训、行动方案以及现场指挥等做好周密的安排和准备。

（12）泄漏物控制

危险物质的泄漏以及灭火用的水由于溶解了有毒蒸气都有可能对环境造成重大影

响，同时也会给现场救援工作带来更大的危险，因此必须对危险物质的泄漏物进行控制。该部分应明确可用的收容装备（泵、容器、吸附材料等）、洗消设备（包括喷雾洒水车辆）及洗消物资，并建立洗消物资供应企业的供应情况和通信名录，保证对泄漏物的及时围堵、收容、清消和妥善处置。

5．现场恢复

现场恢复也可称为紧急恢复，是指事故被控制住后所进行的短期恢复，从应急过程来说，意味着应急救援工作的结束，进入另一个工作阶段，即将现场恢复到一个基本稳定的状态。大量的经验教训表明，在现场恢复的过程中仍存在潜在的危险，如余烬复燃、受损建筑倒塌等，所以应充分考虑现场恢复过程中可能的危险。该部分主要内容应包括：宣布应急结束的程序；撤离和交接程序；恢复正常状态的程序；现场清理和受影响区域的连续检测；事故调查与后果评价等。

6．预案管理与评审改进

应急预案是应急救援工作的指导文件，具有法规权威性，所以应当对预案的制定、修改、更新、批准和发布作出明确的管理规定，并保证定期或在应急演习、应急救援后对应急预案进行评审，针对实际情况以及预案中所暴露出的缺陷，应不断地更新、完善和改进。

六、专项应急预案示例

1．消防应急救援预案

（1）制定预案依据

以《中华人民共和国消防法》《机关、团体、公司、事业单位消防安全管理规定》、消防法规、本污水处理厂消防安全制度为依据，严格依法实施。

（2）应急救援领导小组

1）应急救援指挥部

总 指 挥：××

副总指挥：××

成　　员：××等

2）指挥部工作职责

负责制（修）订《污水处理厂突发事故应急预案》；组建应急救援专业队伍，并组织训练和演练；检查、督促做好污水处理厂事故的预防措施和应急救援的各项准备工作；发布和解除应急救援指令；组织、指挥救援队伍，实施救援行动；向总部、主管行政部门和事故现场周边单位通报事故情况，必要时向有关单位发出救援指令；组织事故调查，对应急救援工作进行总结。

3）指挥部人员分工

总 指 挥：组织指挥突发事故的应急救援工作；

副总指挥：按照分工协助总指挥负责应急救援的具体工作；

成　　员：协助总指挥负责事故救援过程中的总协调工作；按污水处理厂内部预案规定负责突发事故的一般处置和应急救援有关工作。

①成立应急救援领导小组

组　长：污水处理厂厂长

副组长：安全生产分管领导

成　员：有关主要科室领导

②应急救援职能组

联络组：办公室主任任组长，组员为办公室办事人员。

抢险组：生产安全副厂长任组长，组员为生产科人员。

救护组：生产安全副处长任组长，组员为行管办公人员。

疏散组：技术科科长任组长，组员为科内人员。

保卫组：保卫科科长任组长，组员为保卫人员。

调查组：工会主席任组长，组员为有关科室负责人。

义务消防队：生产副厂长任组长，组员为现场工作人员和义务消防队员。

③应急救援领导小组职责

污水处理厂区发生事故时，负责指挥厂区内抢救工作，向各职能组下达抢救指令任务，协调各组之间的抢救工作，随时掌握各组最新动态，并做出最新决策，第一时间向119、120、110、市建委、市安全监督管理局、市消防部门有关部门报告和求援。日常生产时，小组成员轮流值班，值班者必须在厂内，手机24小时开通，发生紧急事故时，在应急救援领导小组组长未到现场前，值班带班者即为临时代理组长，全权负责落实抢险工作。

④各职能组职责

联络组：及时了解掌握事故情况，负责事故发生后第一时间通知污水处理厂主要领导，根据情况酌情及时通知行政主管部门：水务公司技术科、分管副总、市环保局、电业部门、安全监管部门、劳动部门、当事人的家属等。

抢险组：其任务是根据领导小组指令，及时负责扑救、抢险，并布置现场人员到医院陪护，当事态无法控制时，立即通知联络组拨打主管部门电话求援。

救护组：其任务为负责受伤人员的救治和陪受伤人员到医院急救。

疏散组：其任务为在发生事故时，负责人员的疏散、逃生。

保卫组：负责损失控制、物资抢救，对事故现场划定警戒区，阻止与抢救、抢险无关人员进入现场，保护现场不遭破坏。

调查组：分析事故发生的原因、经过、结果及经济损失等，调查情况及时上报市环保局等有关政府部门。如果上级、政府部门介入时，调查组配合有关部门调查。

义务消防队：发生火灾时，应按预案演练方法，积极参加扑救工作，若消防部门进入现场，积极配合消防队进行扑救。

⑤应急救援小组地点和有关部门联系方式

地点：污水处理厂

电话：×××

应急救援小组组长电话：

医院急救电话——120

消防火警电话——119

公安报警电话——110

（3）报警和接处警程序

①对污水处理厂的重点要害部位进行动、静态全方位24小时监控。

②监控收到监控区的火警信号及火警电话后，应立即通知值班人员、巡逻员赶赴现场，并电话通知值班领导。

③值班人员赶赴现场后，如未发生火灾，应查明警示信号的报警原因，并做详细记录。

④如有火灾发生，应根据火情，立即拨打“119”报告消防队，并将信息反馈指挥人员，同时进行灭火及疏散工作。

⑤监控中心根据火灾情况，调集有关人员启动灭火和应急预案。

（4）应急疏散

①为使灭火和应急疏散预案顺利进行，安全部门应加强日常性检查，确保消防通道畅通。

②公共聚集场所（活动中心、餐厅、客房）应保持消防通道畅通，出入口有明显标志，疏散路线有明显的引导图例。

③火灾发生时，疏散引导人员应迅速赶赴火场指挥人群有组织地疏散。

④疏散路线尽量简洁，安全出口的利用要平均。

⑤疏散引导组工作人员要分工明确，统一指挥。

（5）扑救一般初级火灾

①当火灾发生时要沉着冷静，采用适当的方法组织灭火及疏散行动。

②对于能立即扑灭的火灾要抓住时机，迅速消灭。

③对于不能立即扑灭的火灾，要采取“先控制，后消灭”的原则，先控制火势的蔓延，再开展全面扑救，一举消灭。

④火场如有人受到围困，要坚持“先救人，后救火”的原则，全盘考虑，制定灭火疏散方案。

⑤火场扑救要采取“先重点，后一般”的原则。

⑥火灾扑救要服从火场临时指挥员的统一指挥，分工明确，密切配合，当消防人员赶到后临时指挥员应将火场现场情况报告消防人员，并服从消防人员统一指挥，配合消防队实施灭火、疏散工作。

⑦火灾扑救完毕，安全部门要积极协助公安消防部门调查火灾原因，落实“三不放过”原则，处理火灾事故。

（6）通信联络，安全防护救护的程序和措施

①所有参加灭火与应急疏散工作的部门领导、工作人员应打开通信工具，确保通信畅通，服从通信联络组长的调遣。

②通知消防人员、电工在火场待命。

③现场及时救治火场受伤人员，必要时与地方医院联系救治工作。

④专人负责调集车辆，确保交通畅通。

⑤对被抢救、转移的物资进行登记、保管，对火灾损失情况协同有关部门进行清理登记。

2. 触电应急救援预案

（1）编制目的

触电事故是污水处理厂常见的事故，也是污水处理厂人身伤亡事故的主要类型。从触电者的最终伤害程度来看，当触电者抢救及时、方法正确是极有可能获救的。编制触电事故应急预案的目的就是尽最大努力把触电受伤者从死亡线上抢救出来，把事故的人员伤亡减少到最小程度。

（2）适用范围

本应急预案适用所有员工，在工作场所发生事故时，承担对他人触电实施紧急救护的责任；在其他场所发生触电事故时，承担对外人触电实施紧急救护的义务。

（3）触电事故的原因分析

①私拉乱接造成触电。

②违章作业造成触电。

③设备安装不合格造成触电。

④设备失修造成触电。

⑤缺乏安全用电常识造成触电。

⑥维护不善造成触电。

⑦与弱电线路搭接造成触电。

⑧自然灾害造成的触电。

⑨因破坏电力设施而造成的触电。

（4）触电事故的应急处置基本原则

触电急救必须分秒必争，立即就地迅速用心肺复苏法进行急救，并不断地坚持进行，同时及早地与当地医疗部门联系，争取医务人员迅速及时赶往发生地，接替救治工作，在医务人员未接替救治前，现场救治人员不应放弃现场抢救，更不能只根据没有呼吸或脉搏擅自判断伤员死亡，放弃抢救。

（5）触电事故应急救援领导小组及应急救援指挥机构

指挥部主要职责：

①组织制定本单位安全生产规章制度；

②保证本单位安全生产投入的有效实施；

③组织安全检查，及时消除安全事故隐患；

④组织制定并实施安全事故应急预案；

⑤负责现场急救的指挥工作；

⑥及时、准确地报告生产安全事故。

（6）触电事故的预防

①定期组织学习《施工现场临时用电规范》，提高用电安全意识，重视触电事故带来的危害，防止触电事故的发生。

②按照电气安全规范的要求，加强对安全工器具的管理，防止因工器具不合格造成的误触电事故。有关的安全技术措施包括：

a. 有关电气绝缘、屏护和安全间距方面的安全技术措施；

b. 保护接地和保护接零措施以防止间接触电；

c. 根据生产和作业场所的特点，采用相应等级的安全电压；

d. 用电设备配置必要的漏电保护装置；

e. 合理使用基本安全防护用具，如绝缘棒、绝缘钳、验电笔等，合理使用辅助安全防护用具，如绝缘手套、绝缘（靴）鞋、橡皮垫等。

③加强员工的预防触电技能培训和触电紧急救护知识培训。

（7）应急预案

1）脱离电源方法

发现有人触电时，应立即使触电人员脱离电源。

①高压触电脱离方法：触电者触及高压带电设备，救护人员应迅速切断使触电者带电的开关、刀闸或其他断路设备，或用适合该电压等级的绝缘工具（绝缘手套、穿绝缘鞋，并使用绝缘棒）等方法，将触电者与带电设备脱离。触电者未脱离高压电源前，现

场救护人员不得直接用手触及伤员。救护人员在抢救过程中应注意保持自身与周围带电部分必要的安全距离，保证自己免受电击。

②低压触电脱离方法：低压设备触电，救护人员应设法迅速切断电源，如拉开电源开关、刀闸，拔除电源插头等；或使用绝缘工具、干燥的木棒、木板、绝缘绳子等绝缘材料解脱触电者；也可抓住触电者干燥而不贴身的衣服，将其拖开，切记要避免碰到金属物体和触电者的裸露身体；也可用绝缘手套或将手用干燥衣物等包起绝缘后解脱触电者；救护人员也可站在绝缘垫上或干木板上，绝缘自己进行救护。为使触电者脱离导电体，最好用一只手进行。

③杆塔触电脱离方法：高、低压杆塔上作业发生触电，应迅速切断线路电源的开关、刀闸或其他断路设备，对低压带电线路，由救护人员立即登杆至能确保自己安全的位置，系好自己的安全带后，用带绝缘柄钢丝钳、干燥的绝缘体将触电者拉离电源。在完成上述措施后，应立即用绳索迅速将伤员送至地面，或采取可能的迅速有效的措施送至平台上。脱离电源后，可能会造成高处坠落而再次伤害的，要迅速采取地面拉网、垫软物等预防措施。

④落地带电导线触电脱离方法：若触电者触及了断落在地上的带电高压导线，在未明确线路是否有电时，救护人员在做好安全防护措施（如穿好绝缘靴、戴好绝缘手套）后，才能用绝缘棒挑开带电导线。救护人员应疏散现场人员至以导线落地点为圆心 8 m 为半径的范围以外，以防跨步电压伤人。

2）发现者应及时向单位领导和调度汇报，明确事故地点、时间、受伤程度和人数；调度应根据现场汇报情况，确定停电范围，下达停电指令。

3）根据其受伤程度，决定采取合适的救治方法，同时用电话等快捷方式向当地的 120 急救中心求救，并派人等候在交叉路口处，指引救护车迅速赶到事故现场，争取医务人员接替救治。在医务人员未接替救治前，现场人员应及时组织现场抢救。

4）抢救方法如下：

①触电伤员如神志清醒，应使其就地仰面平躺，严密观察，暂时不要使其站立或走动。

②触电伤员如神志不清，应就地仰面平躺，且确保气道畅通，并用 5 s 时间呼叫伤员或轻拍其肩部，以判断伤员是否意识丧失，禁止摇动伤员头部呼叫伤员。

③触电后又摔伤的伤员，应就地仰面平躺，保持脊柱在伸直状态，不得弯曲；如需搬运，应用硬模板保持仰面平躺，使伤员身体处于平直状态，避免脊椎受伤。

5）呼吸、心跳情况的判定

①触电伤员如意识丧失，应在 10 s 内，用看、听、试的方法，判定伤员呼吸、心跳情况。

看——看伤员的胸部、腹部有无起伏动作。

听——用耳贴近伤员的口鼻处，听有无呼气声音。

试——试测口鼻有无呼气的气流，再用两手指轻试一侧（左或右）喉结旁凹陷处的颈动脉有无搏动。

②若看、听、试结果，既无呼吸又无颈动脉搏动，则可判定为呼吸、心跳停止。

③心肺复苏法

触电伤员的呼吸和心跳均已停止时，应立即按心肺复苏法中支持生命的三项基本措施进行抢救。三项基本措施包括：

a. 通畅气道。触电伤员呼吸停止，重要的是应始终确保气道通畅。如发现伤员口内有异物，可将其身体及头部同时侧转，并迅速用一个手指或用两手指交叉从口角处插入，取出异物。操作中要注意防止将异物推到咽喉深部。通畅气道可采用仰头抬颏法。用一只手放在触电者前额，另一只手的手指将其下颌骨向上抬起，两手协同将头部推向后仰，舌根随之抬起，气道即可通畅，严禁用枕头或其他物品垫在伤员头下。头部抬高前倾，会加重气道的阻塞，且使胸外按压时心脏流向脑部的血流减少，甚至消失。

b. 口对口（鼻）人工呼吸。在保持伤员气道通畅的同时，救护人员用放在伤员额头上的手指，捏住伤员的鼻翼，在救护人员深吸气后，与伤员口对口紧合，在不漏气的情况下，先连续大口吹气 2 次，每次 1～5 s。如 2 次吹气后试测颈动脉仍无搏动，可判断心跳已经停止，要立即同时进行胸外按压。除开始时大口吹气 2 次外，正常口对口（鼻）呼吸的吹气量不需过大，以免引起胃膨胀。吹气和放松时要注意伤员胸部应有起伏的呼吸动作。吹气时如有较大阻力，可能是头部后仰不够，应及时纠正。触电伤员如牙关紧闭，可口对鼻进行人工呼吸。口对鼻人工呼吸吹气时，要将伤员嘴唇紧闭，防止漏气。

c. 胸外按压。正确的按压位置是保证胸外按压效果的重要前提。

确定正确按压位置的步骤如下：右手的食指和中指沿触电伤员的右侧肋弓下缘向上，找到肋骨和胸骨接合处的中点；两手指并齐，中指放在切迹中点（剑突底部），食指平放在胸骨下部；另一只手的掌根紧抬，食指上缘置于胸骨上，即为正确的按压位置。正确的按压姿势是达到胸外按压效果的基本保证。

正确的按压姿势如下：使触电伤员仰面躺在平硬的地方，救护人员站立或跪在伤员一侧肩旁，两肩位于伤员胸骨正上方，两臂伸直，肘关节固定不屈，两手掌根相叠，手指翘起，不接触伤员胸壁；以髋关节为支点，利用上身的重力，垂直将正常成人胸骨压陷 3～5 cm（儿童和瘦弱者酌减）按压至要求程度后，立即全部放松，但放松时救护人员的掌根不得离开胸壁。按压必须有效，其标志是按压过程中可以触及颈动脉搏动。

操作频率如下：胸外按压要以均匀速度进行，每分钟 80 次左右，每次按压和放松的时间相等。胸外按压与口对口（鼻）人工呼吸同时进行，其节奏为单人抢救时，每按压

15 次后吹气 2 次（15∶2），反复进行；双人抢救时，每按压 5 次后由另一人吹气 1 次（5∶1），反复进行。

6）抢救过程中的再判定

①按压吹气 1 min 后（相当于单人抢救时做了 4 个 15∶2 压吹循环），应用看、听、试方法在 5～7 s 时间内完成对伤员呼吸和心跳是否恢复的再判定。

②若判定颈动脉已有搏动但无呼吸，则暂停胸外按压，而再进行 2 次口对口（鼻）人工呼吸，接着每 5 s 时间吹气 1 次（即每分钟 12 次）。

如脉搏和呼吸均未恢复，则继续坚持心肺复苏法抢救。

7）抢救过程中伤员的移动与转院

①心肺复苏应在现场就地坚持进行，不要为了方便而随意移动伤员，如确实需要移动时，抢救中断时间不应超过 30 s。

②移动伤员或将伤员送往医院时，应使伤员平躺在担架上，并在其背部垫以平硬阔木板。移动或送医院过程中应继续抢救，心跳呼吸停止者要继续用心肺复苏法抢救。

③应创造条件，用塑料袋装入砸碎了的冰屑做成帽状包绕在伤员头部，露出眼睛，使脑部温度降低，争取心脑完全复苏。

8）伤员好转后的处理

①如伤员的心跳和呼吸经抢救后均已恢复，可暂停心肺复苏法操作，但心跳呼吸恢复的早期有可能再次骤停，应严密监护，不能麻痹，要随时准备再次抢救。

②初期恢复后，伤员可能神志不清或精神恍惚、躁动，应设法使伤员安静。

③现场抢救用药：现场触电抢救，对采用肾上腺素等药物治疗应持慎重态度。如没有必要的诊断设备和条件及足够的把握，不得乱用。

在医院内抢救触电者时，由医务人员经医疗仪器设备诊断后，根据诊断结果再决定是否采用。

9）预防措施

①组织定期学习《电业安全规程》，加强用电安全意识；

②加强电力设施的维护，防止设备老化造成的误触电事故；

③加强对安全工器具的管理，防止因工器具不合格而造成误触电事故。

3. 机械伤害应急救援预案

（1）总则

1）编制目的

为及时、有效、迅速地处理由于机械伤害造成的人身伤亡事件，避免和减轻因机械伤害造成人身伤害和财产损失，促进安全生产形势的稳定以及总结安全生产工作的经验和教训，明确本单位安全生产工作的重大问题和工作重点，提出预防事故的思路和办法，全面贯彻“安全第一，预防为主，综合治理”的方针，并有针对性地采取救援措施，防止事故的进一步扩大，减少人员伤亡和财产损失，特制定本预案。

2）编制依据

《中华人民共和国安全生产法》；

《应急救援预案编制知识》。

3）适用范围

本预案适用于本污水处理厂在生产中发生机械伤害安全事故的应急救援。

（2）危险分析

在机组检修、设备改造、日常生产维护、对外承接检修工程及机械加工工作中，因执行制度不严、安全技术措施不认真落实、少数员工安全意识淡薄，自我保护不强、习惯性违章时有发生等原因均有可能造成机械伤害。

（3）应急指挥机构及其职责

1）救援成员

救援人员参考人员配置。

2）指挥部职责

事故发生后，总指挥或总指挥委托副总指挥赶赴事故现场进行现场指挥，成立现场指挥部，批准现场救援方案，组织现场抢救。负责组织有关部门定期进行事故应急救援演练。

在接到机械伤害人身伤亡事故报告后，根据本预案规定程序，组织力量对现场进行事故处理，必要时向地方政府汇报。

3）各成员职责

①明确本应急预案修订周期及日常检查工作。

②组织对本应急预案进行演练。

③根据事故报告宣布启动本预案。

④当危急状态消除，宣告应急行动结束。

⑤发生事故后（原因、处理经过，人员伤亡情况及经济损失情况），负责调查报告的编写和上报工作。

4）应急通信

火警：119；急救：120。

（4）预防机械设备、机械伤害事故的措施

①加强对机械设备安全管理，经常性地组织操作人员学习机械原理及操作规程，提高安全生产意识，排查设备故障，发现问题，及时纠正，消除隐患。

②各单位机械设备操作人员必须持有有关部门颁发的操作证，并熟悉设备的构造、

原理、性能及安全技术要求，严禁操作人员违规操作，严禁机械设备带“病”作业。

③操作人员严格按操作规程操作。

（5）应急处置

1）应急处置程序

机械伤害事故发生后，事故现场人员应立即向安全生产办公室报告，并逐级上报、汇报。

①最早发现机械伤害事故的人员应立即拨打“120”并通知项目部负责人。

②项目部负责人接到通知后，应迅速按本预案的职责范围做好通知，组织成立救援小组，佩戴抢救器具，赶往事故现场。

③各级人员到达事故现场后，应根据事故状态和程度作出相应的应急决定，同时展开积极的救援工作，保证救援的及时性。

④做好对危急事件现场的安全管理，避免由于混乱造成一系列不安全事故的发生，项目部应对事故现场采取必要的组织措施，保证救援工作的有效性。

⑤指挥部成员通知所在部门，迅速向上级主管部门报告情况。

⑥发生事故的部门要迅速查明机械伤害事故发生的原因及过程。

⑦经过现场采取急救措施，有关人员配合医务人员将伤者送往医院，做进一步的救护和观察，直至抢救完成。

⑧当事故控制后，在生产副经理的领导下，组织办公室、物资部、安监部、技术部、财务部、综合办公室主要负责人以及事故部门负责人成立事故调查组，做好事故原因的调查上报和防范措施制定工作。

2）现场应急处置措施

①本应急处置方案的首要任务是抢救受伤人员，使受伤人员及时脱离事故现场并进行救助，具体的抢救工作由现场应急队伍负责，具体方案的采用要在保证抢救人员安全的基础上进行。

②在应急救援过程中必须对应急人员自身的安全问题进行周密的考虑，包括现场安全防护措施、个体防护设备、现场安全监察等，保证应急人员免受事故的二次伤害。

③安管办在事故现场周围建立警戒线，实施交通管制，维护好现场治安秩序，防止与救援无关人员、伤员家属等进入事故现场妨碍伤员救治，保障救援队伍、物资运输和人员疏散等工作的交通畅通。现场作业人员应配合医务人员做好受伤人员的紧急救护工作，技术部人员应做好现场的拍照及事故调查等善后工作。

④现场的事故处理工作完毕后，应急行动也宣告结束。事故的调查处理工作属正常工作范围。

⑤对受伤人员采取及时救治，有效地现场急救以及转送医院进行治疗，应急人员要

及时提供受伤人员致伤原因，医疗救助人员必须了解相关伤害的救治特点。

3）急救和诊断应注意的事项

①紧急救护要争分夺秒，就地抢救，动作迅速，方法正确。

②要认真观察伤员全身情况，发现呼吸、心跳停止时，应立即在现场用心肺复苏法就地抢救。

③在现场紧急救护的同时，应与办公室或人力资源部人员取得联系，请求给予救治与帮助，在医护人员未到达前或未送医院前，不应放弃现场抢救。

④现场医护人员，在将伤员移交医疗机构时，必须将有关伤员的情况向医生作情况通报。

4）急救要点

①立即脱离致害物，脱离事故现场。

②触电神志不清的伤员应有专人监护，就地仰面躺平，防止气道梗阻，缺氧者给予氧气吸入，呼吸停止者立即施行人工呼吸；心跳停止者立即实行胸外心脏按压。

③骨折

肢体骨折可用夹板或木棍、竹竿等将断骨上、下方两个关节固定。也可利用伤员身体进行固定，避免骨折部位移动，以减少疼痛，防止伤势恶化。开放性骨折，伴有大出血者，先止血，再固定，并用干净布片覆盖伤口，然后速送医院救治。切勿将外露的断骨推回伤口内。疑有颈椎损伤，在使伤员平卧后，用沙土袋（或其他代替物）放置头部两侧使颈部固定不动，必要时进行口对口（鼻）呼吸，只能采用抬颈使气道通畅，不能将头部后仰移动或转动头部，以免引起截瘫或死亡。腰椎骨折应将伤员平卧在平硬木板上，并将腰椎躯干及两侧下肢一同进行固定预防瘫痪。搬动时应数人合作，保持平稳，不能扭曲。

骨折固定和注意事项：骨折固定应先检查意识、呼吸、脉搏及处理严重出血；骨折固定的夹板长度应能将骨折处的上下关节一同加以固定；骨断端暴露，不要拉动。

④颅脑外伤

应使伤员采取平卧位，保持气道通畅，若有呕吐，应扶好头部和身体，使头部和身体同时侧转，防止呕吐物造成窒息。

⑤创伤急救

创伤急救原则上是先抢救，后固定，再搬运，并注意采取措施，防止伤情加重或污染。需要送医院救治的，应立即做好保护伤员措施后送医院救治。急救成功的条件是：动作快、操作正确，任何延迟和误操作均可加重伤情，并可导致死亡。

抢救前先使伤员安静躺平，判断全身情况和受伤程度，如有无出血、骨折和休克等。外部出血立即采取止血措施，防止失血过多而休克。外观无伤，但呈休克状态，神志不清，或昏迷者，要考虑胸腹部内脏或脑部受伤的可能性。

为防止伤口感染，应用清洁布片覆盖。救护人员不得用手直接接触伤口，更不得在伤口内填塞任何东西或随便用药。

搬运时应使伤员平躺在担架上，腰部束在担架上，防止跌下。平地搬运时伤员头部在担架后部，上楼、下楼或上坡、下坡时头部在担架前部，搬运中应严密观察伤员，防止伤情突变。

⑥止血

伤口渗血：用较伤口稍大的消毒纱布数层覆盖伤口，然后进行包扎。若包扎后仍有较多渗血，可再加绷带适当加压止血。伤口出血呈喷射状或鲜红血液涌出时，立即用清洁手指压迫出血点上方（近心端），使血流中断，并将出血肢体抬高或举高，以减少出血量。

用止血带或弹性较好的布带止血时应先用柔软布片或伤员的衣袖等数层垫在止血带下面，再扎紧止血带以使肢端动脉搏动消失为度。

高处坠落、撞击、挤压可能有胸腹内脏破裂出血。受伤者外观无出血但常表现为面色苍白，脉搏细弱，气促，冷汗淋漓，四肢厥冷，烦躁不安，甚至神志不清等休克状态，可给伤员饮用少量糖盐水。

置伤员于空气新鲜、安全清净的环境中。

防止伤员休克，特别要保护伤员心脏、肝、脑、肺、肾等器官的功能。

现场作业人员应配合医疗人员做好受伤人员的紧急救护工作，安全生产人员应做好现场的保护、拍照、事故调查等善后工作。事故的调查和处理按照《事故调查规程》进行。

4．进水水质超标事故的处理预案

（1）水质安全事故

一般来说，污水处理厂在进水水质正常的情况下较少出现超标情况。污水处理厂需做好日常进、出水水质的检测取证工作，根据水质的变化及时调整各处理单元工况。

1）加强组织领导，建立水质安全事故应急处理领导小组。根据突发性出水水质异常所引起的后果及影响程度，将水质安全事故分为三级：一般超标、较大超标、重大超标。

一般超标，是指由厂自行调整工艺运行即可达到出水要求；

较大超标，是指由厂应急小组报告公司有关部门并协同处理，即可达到出水水质要求；

重大超标，是指给下游生产生活用水安全造成严重影响，必须由公司应急指挥组报上级主管部门，采取停止排水等应急措施。

2）加强生产管理，各司其职，积极应对突发水质安全事故。

（2）处理预案

预案一：进水水质超标

根据污染程序，分为一般超负荷和严重超负荷。一般超负荷是指由于暴雨等原因造成进水中某一指标超负荷，但经污水处理厂工艺处理或进行工艺强化处理后可达到或接近国家标准的污染物化验室必须加强检测，随时掌握数据，提出水处理方案，保证污水处理厂出水的达标；运行人员必须根据检测数据，加强污水处理工艺的管理，调整工艺参数，保证水质达到要求。严重超负荷按照预案二执行。

1）预案启动

①一线生产岗位若发现进水水量、气味、颜色、油污等明显变化，立即启动本预案；

②在线自动监测系统异常。

2）汇报

立即通知运行部门，根据实际情况酌情上报上级及相关部门。

3）取证

应急小组派员赶往现场查看情况，每小时取样、拍照存档。

4）恢复措施

调整厂内生产运行工艺。

①通知化验室对污水处理流程各工艺工况技术指标进行检测，检测频率为每2小时1次，并将检测数据在第一时间内上报运行部门；

②运行人员对工艺工况技术指标进行分析，找出水质变化的原因，并对工艺进行相对调整：

出水 pH、COD、TP、SS、氨氮、粪大肠菌群等指标达到或者超过内控值。出水指标内控值：pH 6～9、COD≤60 mg/L、TP≤1 mg/L、SS≤20 mg/L、氨氮≤8.0 mg/L。

A．出水 COD 达到或者超过内控值

a. 对进水进行 COD、pH 等指标进行常规检测，并增加检测频率；同时取一进水样送排水监测站检测重金属离子；

b. 增加氧化沟污泥样生物镜检检测频率；

c. 加大回流量；

d. 加大氧化沟曝气量；

e. 通知运行人员加强对水质、水量的监测力度。

B．出水 pH 达到或超过内控值

a. 增加进水 pH 检测频率，每小时检测1次；

b. 通知化验室检测氧化沟出水的硝酸盐氮、亚硝酸盐氮、pH；

C．出水 TP 达到或超过内控值

a. 增加氧化沟出水 TP 的检测频率，每2小时1次；

b. 根据氧化沟出水 TP 检测数据调整氧化沟缺氧、好氧时间。

D．出水氨氮达到或超过内控值

a. 增加生物镜检检测频率；

b. 增加氧化沟出水硝酸盐氮、亚硝酸盐氮检测频率；

c. 根据氧化沟出水硝酸盐氮、亚硝酸盐氮检测数据调整氧化沟缺氧、好氧时间；

d. 增加进水 COD 值的检测频率，以确定是否因进水因素导致出水 TP 超标；

e. 根据当日氧化沟 MLSS、回流污泥 MLSS 值重新核定回流比，加大或减小混合液回流比。

E．出水 SS 达到或超过内控值

a. 增加污泥沉降比、水温的检测频率，确定是否发生污泥膨胀；

b. 增加生物镜检检测频率，以确定丝状菌的丰度；

c. 增加排泥时间。

③针对不同情况采取相应措施：

A．进水 COD 超标

a. 通知水处理值班人员取瞬时样送检；

b. 调整转碟频率以提高溶解氧；

c. 加大污泥回流量；

d. 适当减少污泥排放量；

e. 通知运行人员查找污染源。

B．重金属

a. 通知水处理值班人员取瞬时样送检；

b. 通知运行人员立即寻找污染源；

c. 加大转碟频率；

d. 加大剩余污泥排放量。

C．强酸、强碱

a. 通知水处理值班人员用简易 pH 试纸检测进水 pH，以确定进水 pH 超标管道；待查出，则停止该条管线进水，尽量减少处理水量的损失，保证厂区工艺运行的稳定；

b. 通知运行人员查找污染源；

c. 在保证进水不发生溢流的情况下，提升泵房控制进水量；

d. 适当时刻可开启事故排放管。

D．油污

a. 停止进水；

b. 立即组织人员对油污进行清理；

c. 通知运行人员查找污染源；

④指标在不可控制之内

a．采用化学去除法，如出水总磷、SS可投加三氯化铁，根据计算所需量进行投加。

b．控制进水，迅速查明污染泵站，将污染泵站停运。

5）应急结束，恢复生产，同时进行事故分析总结。

预案二：重大超负荷

重大突发性水质事故是指由进水中化学药品的泄漏、喷洒农药、投毒等突发事件引起进水水质超负荷的突发性事故。

一旦接到报告，必须立即报告公司应急指挥组，同时配合排水监测站立即对水质进行监测。检测首先采取生物检测，即检测各工序生物活动情况；同时，对化学或毒理学指标进行检测，当数据异常时，必须及时向上级主管部门汇报，以明确进一步的处理措施。

5．溺水突发事件应急预案

由于污水处理厂池面积大、水深，存在溺水突发事件的可能。

（1）溺水

人淹没于水中，由于呼吸道被水、污泥、杂草等杂质堵塞或喉头、气管发生反射性痉挛，引起窒息和缺氧，称为淹溺，也称溺水。由此造成呼吸、心跳停止而致死亡者称为淹死。

人淹没于水中以后，本能地出现反应性屏气，避免水进入呼吸道。由于缺氧，不能坚持屏气，被迫进行深吸气而极易使大量水进入呼吸道和肺泡，阻滞了气体交换，引起严重缺氧、高碳酸血症（指血中二氧化碳浓度增加）和代谢性酸中毒。呼吸道内的水迅速经肺泡吸收到血液内。由于淹溺时水的成分不同，引起的病变也有所不同。

淹溺还可引起反射性喉、气管、支气管痉挛；水中污泥、杂草堵塞呼吸道可发生窒息。跌入粪池、污水和化学品贮槽内，粪池和污水池中的硫化氢和化学品贮槽中的化学物可刺激皮肤黏膜并引起全身性中毒。

（2）淹溺时的急救

①保持呼吸道通畅，迅速清除溺水者口、鼻中的泥沙、水草等杂物，以保持呼吸道通畅。

②排除呼吸道及腹腔内污液和水。

③迅速将溺水者置于抢救者屈膝的大腿上，头部向下，随即按压背部迫使呼吸道和胃内的水倒出。一般肺内水分已被吸收，残留不多，因此倒水时间不宜过长，要分秒必争，以免耽误复苏时间。

④对呼吸、心跳停止的溺水者立即进行心肺复苏。尽快进行口对口的人工呼吸和胸外心脏按压。

⑤注意事项：在进行心肺复苏术的同时，高声呼救，并立即将溺水者送到医院继续救护（急救中心电话：120）。切忌将溺水者一救出水面，不做任何检查和处理就送往医院，其结果大多是丧失了抢救时机。

【任务练习】

1．简要说明应急预案的基本结构。简要说明应急预案的文件体系。

2．应急预案应包括哪些核心内容以及哪几个一级要素？

3．某污水处理厂可能存在进水超标事故，若污水处理厂发生进水超标处理不及时，则可能引发工艺的非正常运行，出现废水污染物指标超标排放情况，废水会从总排口排入厂区北面××河，最后流入下游××河。有可能导致××河、××河水质受到污染，从而给下游的生产和生活带来很多不利影响。现针对这一情况，按照任务引导完成应急预案的主体内容编制：

（扫码获取参考答案）

（1）本事件所需完成的应急预案属于应急预案体系中哪个层次的预案？

（2）请列出该应急预案的大纲。

任务 3　污水处理厂事故应急救援预案演练与评审

【任务目标】

掌握污水处理厂事故应急救援预案演练工作流程；熟悉有限空间作业及事故应急演练和消防演练过程。

【知识铺垫】

一、应急演练的分类和原则

1．应急演练目的

①检验预案：发现应急预案中存在的问题，提高应急预案的针对性、实用性和可操作性。

②完善准备：完善应急管理标准制度，改进应急处置技术，补充应急装备和物资，提高应急能力。

③磨合机制：完善应急管理部门、相关单位和人员的工作职责，提高协调配合能力。

④宣传教育：普及应急管理知识，提高参演和观摩人员风险防范意识和自救互救能力。

⑤锻炼队伍：熟悉应急预案，提高应急人员在紧急情况下妥善处置事故的能力。

2．应急演练分类

应急演练按照演练内容分为综合演练和单项演练；按照演练形式分为实战演练和桌面演练；按目的与作用分为检验性演练、示范性演练和研究性演练。不同类型的演练可相互组合。

①应急演练：针对可能发生的事故情景，依据应急预案而模拟开展的应急活动。

②综合演练：针对应急预案中多项或全部应急响应功能开展的演练活动。

③单项演练：针对应急预案中某一项应急响应功能开展的演练活动。

④桌面演练：针对事故情景，利用图纸、沙盘、流程图、计算机模拟、视频会议等辅助手段，进行交互式讨论和推演的应急演练活动。

⑤实战演练：针对事故情景，选择（或模拟）生产经营活动中的设备、设施、装置或场所，利用各类应急器材、装备、物资，通过决策行动、实际操作，完成真实应急响应的过程。

⑥检验性演练：为检验应急预案的可行性、应急准备的充分性、应急机制的协调性及相关人员的应急处置能力而组织的演练。

⑦示范性演练：为检验和展示综合应急救援能力，按照应急预案开展的具有较强指导宣教意义的规范性演练。

⑧研究性演练：为探讨和解决事故应急处置的重点、难点问题，试验新方案、新技术、新装备而组织的演练。

3．应急演练工作原则

应急演练应遵循以下原则：

①符合相关规定。按照国家相关法律法规、标准及有关规定组织开展演练。

②依据预案演练。结合生产面临的风险及事故特点，依据应急预案组织开展演练。

③注重能力提高。突出以提高指挥协调能力、应急处置能力和应急准备能力组织开展演练。

④确保安全有序。在保证参演人员、设备设施及演练场所安全的条件下组织开展演练。

二、污水处理厂事故应急救援预案演练工作流程

一次完整的应急演练活动包括计划、准备、实施、评估总结和改进五个阶段，形成闭环管理。

1．计划

演练计划应包括演练的目的、类型（形式）、时间、地点、主要内容、参加单位及人员、经费预算等。

2．准备

（1）成立演练组织机构

演练组织机构负责演练活动筹备和实施过程中的组织领导工作，审定演练工作方案、演练工作经费、演练评估总结以及其他需要决定的重要事项。演练领导小组下设策划与导调组、宣传组、保障组、评估组。根据演练规模的大小，其组织机构可进行调整。

1）策划与导调组

负责编制演练工作方案、演练脚本、演练安全保障方案，负责演练活动筹备、事故场景布置、演练进程控制和参演人员调度以及与相关单位、工作组的联络和协调；

2）宣传组

负责编制演练宣传方案，整理演练信息、组织新闻媒体和开展新闻发布；

3）保障组

负责演练的物资装备、场地、经费、安全保卫及后勤保障；

4）评估组

负责对演练准备、组织与实施进行全过程、全方位的跟踪评估；演练结束后，及时向演练单位或演练领导小组及其他相关专业组提出评估意见、建议，并撰写演练评估报告。

（2）编制演练文件

演练文件编制包含以下六个方面：

1）演练工作方案

包括目的及要求、故事情景设计、规模时间、参演单位及人员主要任务和职责、筹备工作、演练主要步骤、技术支撑及保障条件等。

2）演练脚本

在演练工作方案的基础上编制演练脚本。演练脚本是演练方案具体操作实施的文件，可以帮助演练人员全面掌握演练进程和内容。演练脚本应包含模拟事故情景、处置行动与执行人员、指令与对白、步骤及时间安排、视频背景与字幕、演练解说词和其他等内容。

3）演练评估方案

演练评估方案内容包括：

①演练信息：目的和目标、情景描述，应急行动与应对措施简介；

②评估内容：各种准备、组织与实施、效果；

③评估标准：各环节应达到的目标评判标准；

④评估程序：主要步骤及任务分工；

⑤附件：所需要用到的相关表格。

4）演练保障方案

演练保障方案应包括应急演练可能发生的意外情况、应急处置措施及责任部门、应急演练意外情况中止条件与程序。

5）演练观摩手册

根据演练规模和观摩需要，可编制演练观摩手册。演练观摩手册通常包括应急演练时间、地点、情景描述、主要环节及演练内容、安全注意事项。

6）演练宣传方案

编制演练宣传方案，明确宣传目标、宣传方式、传播途径、主要任务及分工、技术支持。

（3）演练工作保障

根据演练工作需要，做好演练的组织与实施需要相关保障条件。保障条件主要内容包括：

①人员保障：按照演练方案和有关要求，确定演练总指挥、策划导调、宣传、保障、评估、参演人员等，必要时设置替补人员；

②经费保障：明确演练工作经费及承担单位；

③物资和器材保障：明确各参演单位所准备的演练物资和器材；

④场地保障：根据演练方式和内容，选择合适的演练场地。演练场地应满足演练活动需要，应尽量避免影响企业和公众正常生产、生活；

⑤安全保障：采取必要安全防护措施，确保参演、观摩人员以及生产运行系统安全；

⑥通信保障：采用多种公用或专用通信系统，保证演练通信信息通畅；

⑦其他保障：提供其他保障措施。

（4）教育培训

使相关人员熟悉相关预案及演练方案，明确各自在演练过程中的角色和职责。

3. 实施

①组织预演：根据方案组织桌面演练或某些环节预演。

②安全检查：检查演练所需工具、设备、设施、资料、参演人员等。

③应急演练：总指挥下达开始指令后，根据演练方案，实施应急响应。

④演练记录：演练过程中，安排专人采用文字、照片、影像等记录演练过程。演练记录式样见表 4-2。

表 4-2　事故应急预案演练记录

<table>
<tr><td>应急预案名称</td><td colspan="3"></td></tr>
<tr><td>单位名称</td><td></td><td>演练时间</td><td></td></tr>
<tr><td>演练地点</td><td></td><td>参演人数</td><td></td></tr>
<tr><td>演练总指挥</td><td></td><td>演练记录人</td><td></td></tr>
<tr><td colspan="4">参演人员签名：</td></tr>
<tr><td colspan="4">劳动防护用品、防护设备：</td></tr>
<tr><td colspan="4">应急设备、设施（针对演练时可能发生的意外情况准备的应急物品）：</td></tr>
<tr><td colspan="4">演练过程描述</td></tr>
<tr><td colspan="4">（以图文形式简要描述演练过程中的预警响应、人员集合/疏散、现场警戒、营救被困人员、现场抢修及演练结束现场恢复等情况，注意记录关键时间节点及照片）</td></tr>
</table>

⑤演练结束：总指挥宣布演练结束，参演人员集合进行点评或疏散。

⑥现场点评：组织现场点评，包括专家、领导、参演人员、观摩人员等。

4．评估总结

针对演练中观察、记录以及收集的各种信息资料，依据评估标准对应急演练活动全程进行科学分析和客观评价，并撰写书面评估报告。评估报告中重点对演练活动的组织和实施、演练目标的实现、参演人员的表现及演练中暴露的问题进行评估。主要从演练基本概要、演练发现的问题、取得的经验与教训和应急管理工作建议等四个方面总结。事故应急预案演练评估式样见表 4-3。

表 4-3　事故应急预案演练评估

应急预案名称				
单位名称				
演练地点			演练时间	
评估人			评估时间	
评估项目		评估内容	评估意见	
			是	否
应急演练目标制定		1．是否制定应急演练目标且可行？	□	□
		2．应急演练目标是否完善、有针对性？	□	□
应急演练组织机构		1．是否成立应急演练组织机构？	□	□
		2．应急演练组织机构是否完善，职责是否明确？	□	□
应急演练方案		1．是否根据本单位实际情况，制定合理的应急演练方案？	□	□
		2．应急演练方案是否符合相关法律法规的要求？	□	□
应急演练情景设计		1．演练场景中是否包括事故类别？	□	□
		2．演练场景中是否包括事故发生的时间、地点？	□	□
		3．演练场景中是否包括发展速度、强度与危险性？	□	□
		4．演练场景中是否包括受影响范围、人员和物资分布？	□	□
		5．演练场景是否包括气象及其他环境条件等？	□	□
应急演练保障	人员保障	演练是否包括领导小组、总指挥、总策划、参演人员等？	□	□
	经费保障	应急演练经费是否纳入年度安全预算且及时拨付？	□	□
	物资和器材保障	1．是否充分准备应急演练物资和器材？	□	□
		2．是否能全面模拟应急演练场景？	□	□
	场地保障	是否根据演练方式和内容，选择合适的演练场地？	□	□
	安全保障	是否针对演练可能出现的风险制定预防控制措施？	□	□
	通信保障	演练参加人员是否建立及时可靠的信息传递渠道？	□	□

评估项目		评估内容	评估意见	
			是	否
应急演练实施	演练启动	演练前，演练总指挥是否对演练的意义、目标、组织机构及职能分工、演练方案、注意事项等进行统一说明？	□	□
	演练指挥与行动	1．是否由演练总指挥负责演练实施全过程的指挥控制？	□	□
		2．参演人员是否严格执行控制消息和指令，按照演练方案规定的程序开展应急处置行动，完成各项演练活动？	□	□
	演练过程控制	1．演练中是否需要传递控制信息来控制演练过程？	□	□
		2．参演人员收到信息后，是否按照发生真实事件时的应急处置程序或根据应急方案，采取相应的应急处置行动？	□	□
	演练解说	是否安排专人对演练实施过程进行解说？	□	□
应急演练实施	演练记录	1．是否安排专人对演练实施过程，采用文字、照片和影响等手段进行记录？	□	□
		2．文字记录是否包括演练各个节点的时间及简述？	□	□
		3．文字记录是否包括演练过程控制情况？	□	□
		4．文字记录是否包括参演人员在演练中的表现情况？	□	□
		5．是否详细记录可能出现的人员“伤亡”（如进入“危险”场所而无安全防护，在所规定的时间内不能完成疏散等）及财产“损失”等情况？	□	□
		6．文字记录是否包括意外情况及其处置？	□	□
		7．各种手段的演练记录是否全方位反映演练实施过程？	□	□
	宣传教育	是否借助应急演练对相关人员进行宣传教育？	□	□
应急演练结束与终止		1．演练结束后，所有人员是否停止演练活动，按预定方案集合进行现场总结讲评或者组织疏散？	□	□
		2．演练结束后是否对演练现场进行清理和恢复？	□	□
应急演练评估		1．演练结束后是否组织有关人员进行现场口头点评？	□	□
		2．现场点评是否包含发现的问题、不足和取得的成效？	□	□
持续改进		对演练中暴露的问题，是否及时采取措施予以改进？	□	□
其他	预案的合理性与可操作性			
	指挥协调与应急联动情况			
	参演人员的处置情况			
	应急物资、器材的实用性			
	完善预案的改进意见			
	其他			

5. 改进

对演练中暴露的问题，按照改进计划中的职责和时限要求，及时采取措施予以改进，包括修改完善应急预案、有针对性地加强应急人员的教育和培训、有计划地更新应急物资装备等。

三、应急演练方案示例

1. 目的

为认真贯彻“安全第一，预防为主”的方针，落实污水处理厂的应急预案管理，通过演习，检验各职能部门应急情况下的组织协调能力；提高全体员工安全逃生的意识和能力；提高义务消防员掌握消防器材性能及使用方法的水平，能在火灾初起阶段有效控制及扑灭火灾，确保单位和员工的人身财产安全，特组织本次灭火和应急疏散演习。

2. 演练依据

《中华人民共和国安全生产法》《中华人民共和国消防法》《机关、团体、企业、事业单位消防安全管理规定》等法律法规。

3. 演练范围

全厂人员。

4. 演练时间

××××年×月×日。

5. 演练组织机构及职责

（1）“消防安全应急指挥部”组织架构（略）

（2）职责

①消防安全应急指挥部职责：全面负责消防安全突发事件及日常演练的应急指挥及组织协调工作。

②灭火行动组职责：全面负责现场灭火工作。

③救援行动组职责：负责灭火现场人员救援及技术支持工作。

④通信联络组职责：负责各组之间及与指挥部之间的通信联络及协调工作。

⑤人员疏散组职责：负责引导现场人员、车辆疏散，确保人员、车辆有序疏散，避免出现混乱场面及人员伤亡。

⑥警戒保卫组职责：负责现场警戒及物资看管工作，避免财产损失或丢失。

6. 应急响应程序

火灾事件应急响应流程示意如图 4-10 所示。

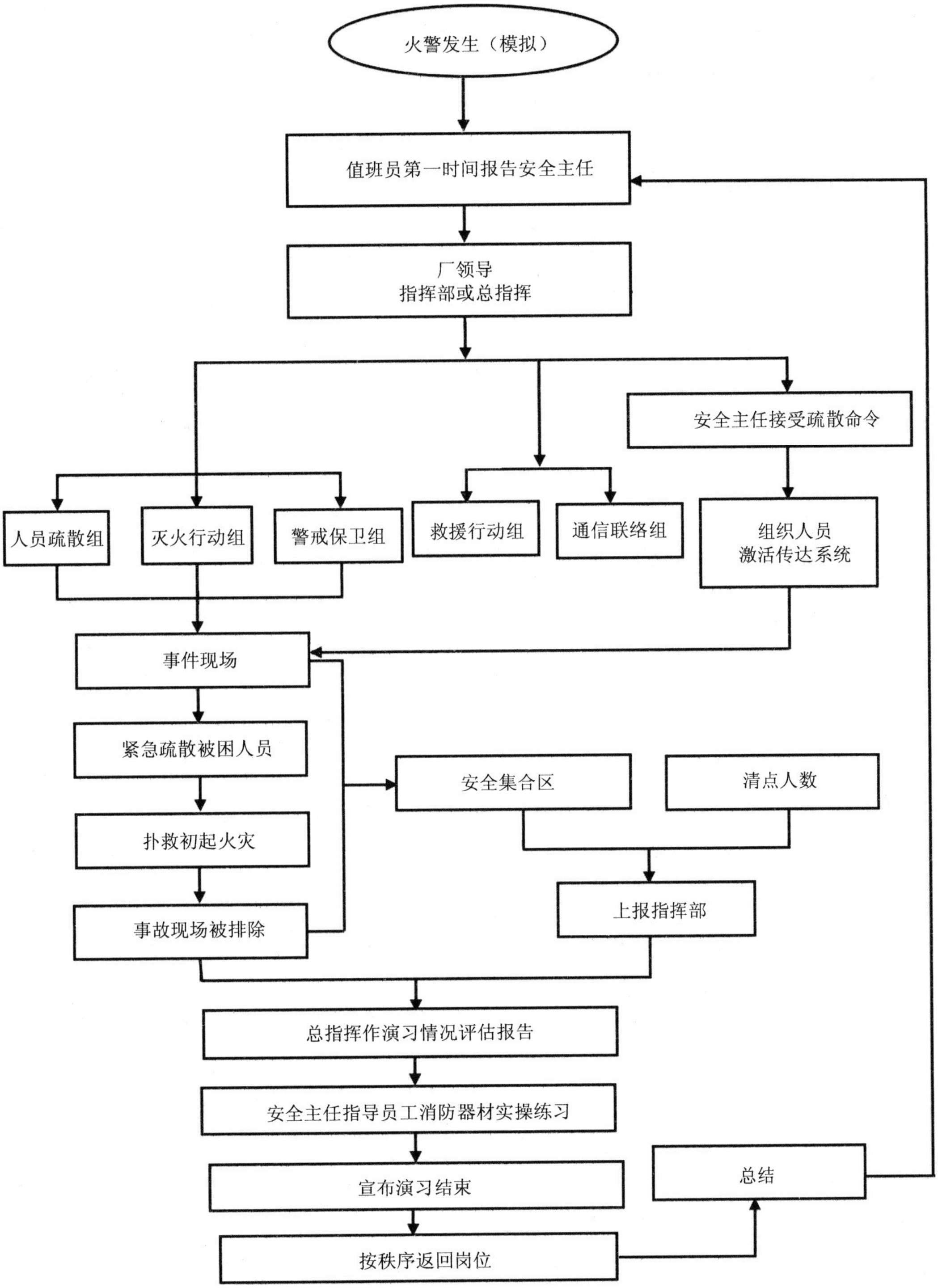

图 4-10　火灾事件应急响应流程

模拟仓库发生火灾的程序如下：

（1）接警与响应级别确定

现场作业人员立即报警。安管员、门卫值班员接到汇报现场火灾发生信息后，应对警情做出判断，初步确定相应的响应情况。

（2）应急疏散

确定相应的响应级别后，启动应急程序，如通知公司应急小组有关人员到位、通知调配救援所需的应急资源（包括应急队伍和物资、装备等）、启动现场应急指挥部。除了按照灭火程序进行灭火，紧急情况下还要疏散人员和物资。

（3）救援行动

有关应急队伍进入事故现场后，迅速开展事故侦测、警戒、疏散、人员求助、工程抢修等有关应急救援工作。当事态超出了内部响应级别无法得到有效控制时，由应急指挥中心启动外部响应。

1）人员疏散

各楼层在接到疏散指令后，应立即关掉电源，关好窗、门，有组织地从安全出口疏散，前往集合场。要有秩序地服从指挥人员和按疏导人员要求进行疏散。做到不惊慌失措，勿混乱、拥挤，避免人员伤亡。

2）物资财产疏散

对于那些可能扩大火势和爆炸危险的物资，性质重要、价值昂贵的物资以及能影响灭火工作的物资应予以疏散。

应紧急疏散的物资有：易燃和有毒的物品；档案资料；妨碍灭火的物资。

在组织、指挥人员抢救、疏散物资时，要有专人负责，使整个疏散工作有条不紊。疏散物资时，应首先疏散受火威胁最大的物资，疏散的物资要放在安全的地方，不要堵塞扑救火灾的通道，并做好相应的保护工作，防止这些物资的丢失和损坏。

3）组织扑救火灾

发生火灾后，除及时报警外，要立即组织义务消防队员和员工进行扑救。扑救火灾时按照“先控制、后灭火；救人重于救火；先重点后一般”的灭火战术原则。并派人及时切断电源，接通消防水泵电源，组织抢救伤亡人员，隔离火灾危险源和重要物资，充分利用现场中的消防设施器材进行灭火。

灭火救援组接到指挥部指令时，即可撤离，前往集合场。

（4）应急恢复

救援行动结束后，进入应急恢复阶段。主要包括人员清点和撤离、警戒解除、现场清理、善后处理等。

各部门主管待人员到齐后立即向应急指挥部报告人数，应急指挥部将到达安全区的统计人数向总指挥报告。

（5）应急响应结束

总指挥发表点评。

7．演习结束

演习结束指令由总指挥宣布。

四、污水处理厂常见应急演练脚本示例

1．有限空间作业及事故应急救援演练

（1）演练开始

①作业负责人带队跑步入场，并整理队伍；

②作业负责人向本次演练总指挥报告，请求演练开始；

③获得演练开始指令后，作业负责人进行人员分工，共 4 人参与演练，分别担任作业负责人、作业人员、作业监护人、安全员（兼救援人员）（图 4-11）。

图 4-11 演练人员分工

（2）设备清点及检查

①作业负责人对本次演练所需装备、器材等进行清点；

②演练人员对作业现场设置警示警戒，并打开井盖进行自然通风；

③演练人员根据各自职责分工检查作业工具及应急救援装备；

④作业人员使用三角旗判断风向，并将三角旗设置在上风向易于观察位置；

⑤作业人员观察井内是否有积水，如存在积水则使用水泵进行排水，确保井内水深小于 0.2 m（演练场景设置默认无积水）；

⑥作业负责人检查四合一气体检测仪及硫化氢气体检测仪（图 4-12）；

图 4-12　作业前气体检测仪检查

⑦安全员（兼救援人员）检查安全带、安全绳及正压式空气呼吸器（图 4-13）；

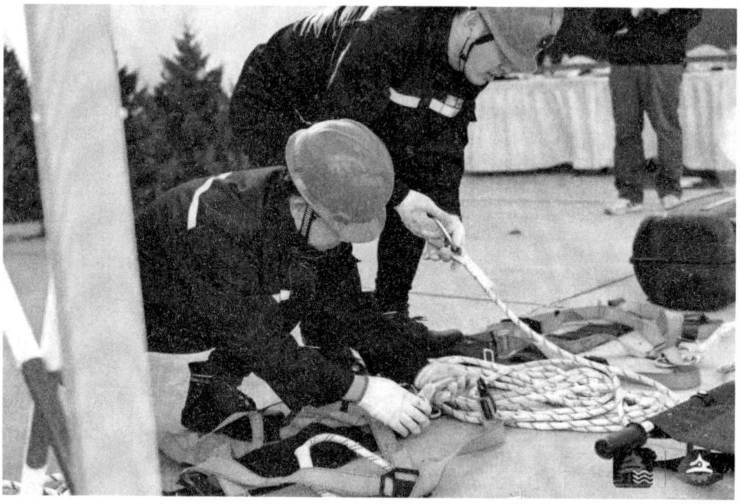

图 4-13　作业前装备检查

⑧作业人员继续检查防爆对讲机、防爆手电、救援三脚架等；

⑨监护人检查防爆风机、速差防坠器；

⑩作业负责人使用四合一气体检测仪对井下气体进行初始检测，场景设置初始气体检测硫化氢气体超标，向监护人举手示意，进行强制通风（图 4-14）；

⑪监护人将防爆风机置于井口上风侧，对井内进行强制通风不小于 30 min；

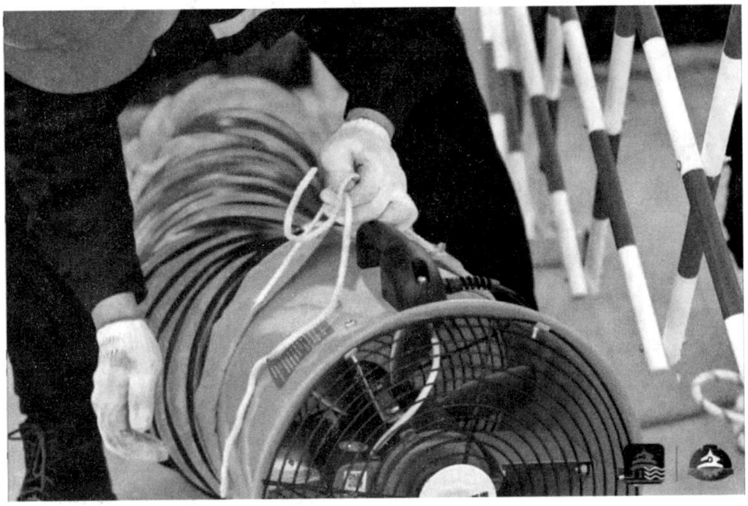

图 4-14　准备强制通风

⑫强制通风结束后，作业负责人对井下气体进行气体复测，有限空间内气体符合作业条件；

⑬作业负责人请安全员对现场作业环境进行复检；

⑭安全员对井下气体、劳动防护装备、应急救援器材、警示警戒等进行检查，检查符合作业要求后签字确认。

（3）作业审批及交底

①作业负责人填报作业审批单，相关人员签字后向演练总指挥申请开展有限空间作业（图 4-15）；

图 4-15　演练总指挥审批签字

②作业负责人向全体演练人员进行作业前的安全交底，告知本次作业可能存在的危险因素并进行人员分工，明确各自在作业中的安全生产职责（图 4-16）；

图 4-16　作业前安全交底

③安全交底后，全体人员在交底单上签字确认（图 4-17）。

图 4-17　交底单签字确认

（4）作业开始

①作业负责人下达开始作业指令；

②作业人员穿戴好安全带、安全绳，佩戴防爆对讲机、单一硫化器气体检测仪，防爆手电后下井进入有限空间（图 4-18）；

图 4-18　作业人员下井作业

③监护人打开防爆通风机，作业过程中开启持续强制通风；

④作业人员到达井底后开始模拟作业，监护人在井口上风向使用四合一气体检测仪持续关注井下气体浓度，并使用对讲机与井下作业人员保持沟通；

⑤演练场景设置，监护人呼叫井下作业人员无应答，四合一气体检测仪报警并显示硫化氢超标。

（5）应急救援

①监护人向作业负责人报告现场紧急情况；

②作业负责人向演练总指挥汇报现场情况，请求启动应急预案；

③监护人拨打“120”急救电话，正确表述现场情况及公司地址等信息（图 4-19）；

图 4-19　监护人拨打报警电话请求救援

④救援人员立即穿戴正压式空气呼吸器下井救人（图 4-20）；

图 4-20　救援人员穿戴正压式空气呼吸器准备下井救人

⑤监护人转动救援三脚架绞盘，将钢丝绳下放到井下；

⑥救援人员到达井底后将钢丝绳挂钩扣在假人安全带 D 形环上，确保无误后使用对讲机向监护人发出可以升井信号（图 4-21）；

图 4-21　被救人员准备升井

⑦作业负责人同监护人一起使用救援三脚架，将假人提升到井口（图 4-22）；

图 4-22　被救人员脱离井口

⑧将中毒人员送至上风向洁净空气环境中，进行心肺复苏；

⑨救护车到达后，将中毒人员移送至救护车；

⑩监护人及作业负责人协助井下救援人员及作业人员安全升井；

⑪所有人收拾现场演练装备，解除安全防护用品；

⑫列队报数，确保所有参演人员集合；

⑬作业负责人向演练总指挥报告演练结束，请求撤离现场（图 4-23）。

图 4-23　演练结束后离场

2. 消防演练

(1) 选取及检查消防物资

①2 名演练人员入场，向演练总指挥报告请求演练开始（图 4-24）；

图 4-24 演练人员入场

②演练人员对消防演练物资进行检查（图 4-25）；

图 4-25 检查个人劳动防护用品

③演练人员 A 使用风向旗判断风向；

④演练人员 B 使用消防扳手开启消防栓，检验消防栓出水压力是否正常；

⑤演练人员佩戴个人劳动防护用品并互检（图 4-26）。

图 4-26　佩戴个人劳动防护用品并互检

（2）消防栓灭火

①总指挥下达发现火情指令；

②2 名演练人员分别取下防水带并快速甩开铺设（图 4-27）；

图 4-27　铺设并连接消防水带

③演练人员 A 持消防水带一端与消防栓连接；

④演练人员 B 持消防水枪头与消防水带连接，然后立即向演练人员 A 下达打开消防栓指令；

⑤演练人员 A 收到指令后立即打开消防栓；

⑥演练人员B持消防水枪，使出水击中演练场景设置的模拟火灾靶心；

⑦2名演练人员收回消防水带、水枪、扳手，归位摆放整齐；

⑧列队报数，演练人员A向演练总指挥报告演练结束，请求撤离现场。

（3）灭火器灭火

①演练总指挥下达发现火情指令；

②2名演练人员根据火灾类型挑选灭火器；

③演练人员持灭火器站在火源点上风向，持灭火器对准火源根部进行喷射（图4-28）；

图4-28　持灭火器灭火

④演练人员用竹竿搅拌桶内可燃物，确认火源完全熄灭；

⑤演练人员向演练总指挥报告演练结束。

（4）心肺复苏救护

①演练总指挥下达指令：在火场发现1名因浓烟窒息晕倒的人员，需对其进行安全撤离及救护；

②演练人员将伤员用担架抬到上风向安全区域，然后将伤员抬到平整地面上；

③演练人员A双膝跪在伤员一侧，做急救准备；

④演练人员B拨打急救电话，正确表述现场情况及公司地址等信息；

⑤演练人员A轻拍假人的肩膀，并大声呼喊“你还好吗？”并检查是否有呼吸；

⑥以一手食指和中指触摸患者颈动脉感觉有无搏动；

⑦确认无呼吸心跳后，开展胸外按压和人工呼吸，每按压30次，吹气2次，执行两个循环（图4-29）；

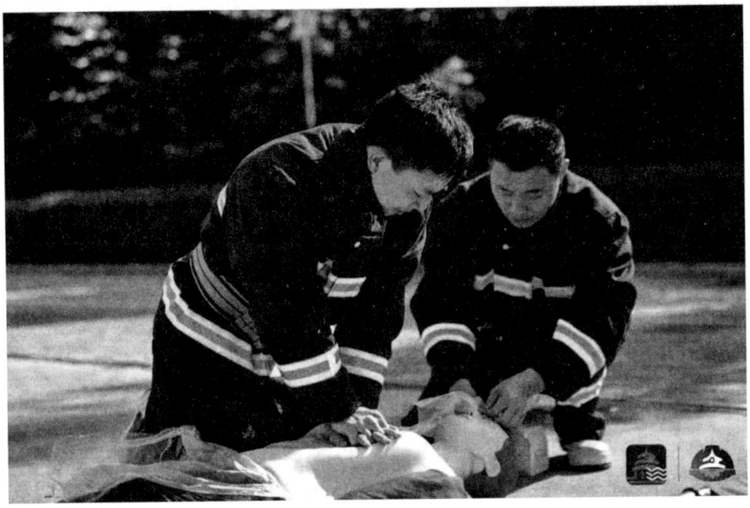

图 4-29　对伤员进行心肺复苏

⑧根据演练场景设置，受伤人员恢复呼吸心跳；

⑨整理演练物资，向演练总指挥报告演练结束，请求撤离现场。

【任务练习】

1．完整的事故应急救援预案演练包括哪些阶段？

2．编制事故应急演练方案时，应考虑哪些要素？

（扫码获取参考答案）

项目 2　事故应急处理与急救

任务 1　事故应急处理处置

【任务目标】

能够正确处理处置污水处理厂各类常见事故。

【知识铺垫】

一、触电事故处理处置

人体触及带电体而受到电流伤害，称为触电事故。触电是电流对人体的伤害，可分为电击和电伤。

1. 电流对人体伤害程度的影响分析

（1）通过人体的电流大小

通过人体的电流越大，对人体的伤害也越大。

（2）通电时间的长短

人的心脏每收缩、扩张 1 次，中间有 0.1 s 的间隙期。在这个间隙期内，人体对电流作用最敏感。触电时间越长，与间隙期重合的次数就越多，从而造成的危险就越大。

（3）电流通过人体的途径

如果电流通过人体内部的重要器官，后果就很严重。通过人体途径最危险的是从手到脚，其次是从手到手，危险最小的是从脚到脚，但可能导致二次事故的发生。

（4）电流的种类

电流可分为直流电、交流电。由于交流电的电流方向是不断改变的，交流电触电极易引起心室颤动，简称室颤，当室颤发生时，心脏基本不起作用。所以，交流电比直流电更危险。

（5）触电者的状况

电击的后果与触电者的健康状况有关。健康者比心脏病患者、神经系统疾病患者、肌肉不发达患者，成年人比儿童，男性比女性摆脱电流和感知电流的能力强 2/3。

2. 触电事故的急救顺序与方法

（1）急救顺序

抢救人员迅速到达触电事故现场后，必须按下列工作顺序进行急救：

①应迅速摸清电源位置，切断电源或者用干燥木棒、竹棒等绝缘工具将电线挑离触电者，同时防止触电者摔伤。

②在进行抢救时，应用警戒带对触电现场进行隔离，严禁无关人员进入，防止事故扩大。

③对脱离电源的触电者开展急救，同时拨打急救电话 120，通知医务人员前来抢救。及时向上级汇报情况。

（2）急救方法

如果触电者意识丧失，呼吸停止，需对其进行心肺复苏（心肺复苏术具体操作方法见本项目“任务 2 院前急救”），包括口对口人工呼吸、胸外按压、除颤，直到医务人员赶到现场，或者迅速送至医院，且在送医途中不得停止抢救工作。

触电事故会导致伤员身体强直，勿将身体强直误认为尸僵而放弃抢救。还应警惕复苏成功后 48 h 内，可能发生包括室颤在内的各种严重心律失常。

二、机械伤害事故处理处置

污水处理是机械化、自动化生产流程，每座污水处理厂有大量机械设备（如粗格栅和压榨机、细格栅和压榨机、初沉池刮泥机、鼓风机、二沉池刮泥机、加药泵、消化池投泥泵、脱水机进泥泵、高密度泵、电动闸门等），如操作不当，其转动部件会对操作人员造成机械伤害。行车吊装的物品脱落或钢丝绳断裂会造成起重伤害。如果有关人员未按操作规程要求的设备检修程序进行生产巡查和设备检修，易发生设备、人身事故。

（1）机械伤害的原因

机械伤害的原因包括物的不安全状态、人的不安全行为和安全管理缺陷。

（2）机械伤害的急救措施

①发生机械人身伤害事故时，事发现场人员应立即对伤员进行救护，通知 120 急救中心或将受伤人员及时送至医院进行救治。

②如果伤员需要脱离尚在运行的机械设备，必须立即采取停机措施，必要时通知 119 特勤消防人员进行施救。

三、火灾事故处理处置

污水处理厂除工艺构筑物外还配套建设附属构筑物，不仅其内部存放易燃物品，而且其本身的建设材料也具有可燃性。当构筑物内电源老化、遭雷击、电器使用不当、进行明火作业及出现其他不安全行为时易发生火灾危险。

1．污水处理厂火灾的原因及灭火的原理

火灾是指超出有效范围的燃烧。燃烧的形成必须同时具备 3 个基本条件：有可燃物质、有助燃物质、有能导致燃烧的火源，缺少其中任何一个条件都不会发生燃烧。灭火的原理就是消除其中任何一个条件。污水处理工应懂得电器灭火知识。由于设备损坏或违章操作造成线路短路，或者导线、设备超负荷使局部接触电阻过大，从而产生大量的热量，引起火灾。当电器发生火灾时，首先应切断电源，然后用不导电的灭火器灭火。不导电的灭火器是干粉灭火器、二氧化碳灭火器等，这些灭火器绝缘性能好，但射程不远，所以灭火时不能站得太远，应站在上风处。

2．预防火灾事故的安全措施

①定期检查、维修、更换消防器材和设备，使用符合规范的消防设施。

②定期检查消防系统、构筑物设施的情况。

③加强员工培训，实行动火作业管理制度。

④在危险源处设置安全警示标志。

3．火灾的急救措施

火势初期，如果火势不大，未对人与环境造成很大威胁，且其附近有消防器材，如灭火器、消防栓、自来水等，应尽可能地在第一时间将火扑灭，不可置小火于不顾而酿成火灾。

当火势失去控制时，不要惊慌失措，应沉着冷静，辨明方向后迅速撤离危险区域。撤离时要注意以下几点：

①撤离时要朝明亮或空旷的地方跑，同时尽量向楼下跑；

②利用消防通道，切不可进入电梯；

③寻找、自制有效工具进行自救；

④在较安全场所暂避，等待救援；

⑤设法发出信号，寻求外界帮助；

⑥无法逃生时，跳楼是最后的选择。

四、爆炸事故处理处置

1．爆炸发生的原因

爆炸是指物质由一种状态迅速地变为另一种状态，并在瞬间释放出巨大能量，同时产生巨大声响的现象。爆炸可分为物理爆炸和化学爆炸两类。物理爆炸是指物质因状态或压力（温度、体积）物理性因素突变等形成的爆炸，爆炸前后，爆炸物质的性质和化学成分均不改变。化学爆炸是指物质在短时间内完成化学反应，形成其他物质，同时产生大量气体和能量的现象。易燃易爆气体是通过各种外因，如接触未熄灭的火柴或烟头、火种、油灯等，引起燃烧甚至爆炸而造成危害。甲烷（沼气）、石油气、煤气等均属于易燃易爆气体。火灾和爆炸经常相伴发生，燃烧的 3 个基本条件一般也是发生化学爆炸的必要条件。可燃物质与助燃物质预先均匀混合，并以一定的比例组成爆炸性混合物，遇火源即会爆炸。物理爆炸的必要条件为压力超过一定空间或容器所能承受的极限强度。防爆的基本原理即消除其中任何一个必要条件。

2．预防爆炸事故的安全措施

①定期检查、检测危险源，定期检验压力容器、压力表、安全阀、压力泄放装置。

②加强电器设备运行维护，编制安全操作规程，加强员工培训。在危险源处设置安全警示标志。

3．污水处理厂的防爆管理

①经常定期或不定期地进行安全检查，及时发现并消除安全隐患。

②配备专用有效的消防器材、安全保险装置和设施，专人负责，确保其时刻处于良好状态。

③消除火源，易燃易爆区域严禁吸烟；设立固定动火区，维修动火实行危险作业动火票制度；易产生电气火花、静电火花、雷击火花、摩擦和撞击火花处应视工作区域采取相应防护措施；长期用火点应建立防火管理制度，实行用火证管理。

④控制易燃、助燃物，少用或不用易燃、助燃物；加强密封，防止泄漏可燃、助燃

物；加强排风，降低泄漏可燃、助燃物质量浓度，使之达不到爆炸极限。

⑤污泥消化池易燃易爆气体的管理措施：污泥消化池和管道内部都充满了高质量浓度甲烷，因此比其他设施危险性要高。当进行消化池内部清扫、检查、修理时，需要用空气把消化气置换出来，但直接置换会形成易燃易爆的混合气体。因此，要先用氮气将消化气置换后再用空气置换氮气，这样比较安全。在使用排风机时，要尽量把送风口和排风口距离设置得远一些。消化气置换后，及时除去污泥并用水进行清洗，但从残留的污泥中也会产生甲烷并可能导致缺氧，所以应连续进行换气。另外，污泥消化池中使用裸灯时要慎重。建议在锅炉房、沼气压缩机房等使用沼气的场所，以及设有沼气管路的管廊内，除设置沼气泄漏的警报装置外，还要设置紧急隔离阀。

五、中毒事故处理处置

污水处理厂的污水主要来自城镇生活污水和工业废水，在污水处理过程中会产生硫化氢、沼气、氨气等有毒有害气体，因此工作人员进行污水池（泵井）清理、井下清淤、设备维修等工作时，如果防范措施不当，易发生中毒甚至死亡事故。生产过程中使用的液氯、硫酸、化学絮凝剂和化验室使用的分析试剂被人体接触或吸入也会发生中毒事件。

1. 硫化氢中毒

在城镇污水管道中和污水处理厂各种池下和井下，都有可能存在有毒有害气体，危害性最大的气体是硫化氢和氰化氢，尤其是硫化氢。污水和污泥中生长的微生物，在吸收和分解周围有机物时会消耗大量氧气并生成二氧化碳等气体：在厌氧状态下，由于硫酸盐还原菌的作用会生成硫化氢。因此在通风不畅的场所会导致氧气质量浓度下降而缺氧，有时还会发生硫化氢中毒。

（1）硫化氢的产生过程

硫化氢毒性很强，厌氧消化池、浓缩池、检查井及地下闸门井内容易产生和积累毒性很大的硫化氢，不提前通风、不检查硫化氢含量和不采取有效措施就下井、下池则可能造成作业人员中毒甚至死亡，甚至可能出现连续下井、下池救人发生群死群伤的恶性事件。当污水或污泥中不存在溶解氧时，硫酸根离子被还原而产生硫化氢。另外，蛋白质中硫元素的还原也能产生硫化氢。在不供给氧气的压送管、有堆积污泥的导虹管以及沉砂池、集水井、初沉池、污泥浓缩池等污水处理厂设施中容易产生硫化氢。在这些设施中，特别是受到海水或硫酸根离子含量高的地下水侵蚀的场所，硫化氢的产生量显著增多。在污水和堆积污泥中产生的硫化氢，处于静置状态时会封存在污水和污泥内部，但受到搅拌等冲击后会立即扩散到大气中。通常情况下，当污水 pH 为 7～8 时，硫化氢在水相和气相之间达到平衡的比例为 1 mg/L：20～100 mL/m^3。例如，当静置状态下硫化氢含量为 10 mg/L 的污泥受到搅拌等冲击时，会立即使气相中硫化氢的含量达到 200～

1 000 mL/m^3。

（2）预防硫化氢中毒的安全措施

①掌握污泥性质，弄清硫化物污染来源，每个泵站和污水处理厂应对进水的硫化物质量浓度进行分析。工业污水排入下水道的硫化物质量浓度要求低于 1 mg/L，由于工业硫化物和酸性污水的滥排滥放是造成下水道、泵站、污水处理厂内硫化氢超标的主要根源，所以应对超标排放硫化物和酸性污水的工厂采取严厉的监督措施。当硫化氢污染严重威胁工人生命安全时，应及时向上级有关部门申报，同时采取有效措施。

②经常检查工作环境、泵站集水井、敞口出水井。下池、下井工作前，必须监测池内、井下硫化氢质量浓度，当不符合工作要求时，不得继续开展工作。下池、下井工作时，必须连续监测池内、井内的硫化氢质量浓度。

③保持通风是预防硫化氢中毒的有效措施。及时通风能吹散硫化氢，降低其质量浓度，下池、下井前必须用通风机通风。必须注意硫化氢由于相对密度大而不易被吹出的情况，所以在管道通风时，必须把相邻井盖打开，即形成一边进一边出的状态。泵站中通风时，宜将通风机安装在泵站底层，这样便于抽出硫化氢。

④配备必要的防硫化氢用具。防毒面具能够防硫化氢中毒，但前提是必须选用有针对性的滤罐。

⑤建立下池、下井操作制度。进入污水集水池底部清理垃圾属于危险作业，应预先填写下池、下井操作票，经过安全技术员会签并经基层领导批准后才能进行。

⑥井下、池下作业严禁吸烟和明火作业，确实需要明火作业的，必须经安全主管部门批准后才能进行。

⑦必须对员工进行防硫化氢中毒的安全教育。下水道、泵站、污水处理厂内易存在硫化氢，必须使员工熟知硫化氢的性质、特征、中毒护理和预防措施。用硫化氢中毒事故案例教育员工更是必不可少的。

（3）硫化氢质量浓度严重超标的处置

①当硫化氢气体测试仪报警时，必须迅速组织施工人员撤离现场，停止一切作业；同时，开启通风装置及轴流风扇进行换气，降低硫化氢气体质量浓度。

②在现场采用警戒带进行隔离，挂上警告牌，严禁一切人员进入现场，并采用硫化氢测试仪进行测试，做好记录。

③把现场情况及硫化氢质量浓度情况上报。

（4）硫化氢中毒的急救措施

1）急救顺序

救护人员赶到现场后展开急救的顺序：迅速开启通风装置及轴流风扇对现场送风，同时进行硫化氢含量测量：如果体积比在 30 mL/m^3 以下（不含 30 mL/m^3），戴 72 型防毒面具进行急救即可；如果体积比在 30 mL/m^3 以上（含 30 mL/m^3）应穿隔离式防毒衣进入现场进行急救，严禁未采取任何防护措施进入事故现场急救。同时，必须用警戒带对事故现场进行隔离，严禁非救护人员进入工作区域内，防止事故扩大。同时，通知医务人员前来抢救并向上级汇报情况。

2）急救方法

应及时将中毒人员移至空气新鲜处，并给予氧气袋助其吸入氧气，严重者应进行人工呼吸。采取口对口人工呼吸时要防止中毒人员体内的毒气使抢救者中毒。及时送中毒人员至有高压氧舱的医院进行抢救，告知医护人员患者是硫化氢中毒，在送医院途中不应停止抢救工作。

2. 二氧化氯中毒

二氧化氯主要用于污水处理厂消毒工序中。本品具有强烈刺激性，接触后主要引起眼和呼吸道刺激，吸入高浓度二氧化氯可发生肺水肿，能致死。对呼吸道产生严重损伤浓度的本品气体，可能对皮肤有刺激性。皮肤接触或摄入本品的高浓度溶液，可引起强烈刺激和腐蚀。长期接触可导致慢性支气管炎。二氧化氯的急救及防护措施具体见表 4-4。

表 4-4　二氧化氯急救及防护措施

急救	皮肤接触	立即脱去污染的衣着，用大量流动清水冲洗至少 15 min。就医
	眼睛接触	立即提起眼睑，大量流动清水或生理盐水彻底冲洗至少 15 min。就医
	吸入	迅速脱离现场至空气新鲜处，保持呼吸道通畅。如呼吸困难，给输氧；如呼吸停止，立即进行人工呼吸。就医
	食入	用水漱口，给饮牛奶或蛋清。就医
	工程控制	生产过程密闭，全面通风
	呼吸系统防护	空气中浓度超标时，必须佩戴自吸过滤式防毒面具（全面罩）。紧急事态抢救或撤离时，应该佩戴空气呼吸器
防护措施	眼睛防护	戴化学安全防护眼镜
	防护服	穿连衣式胶布防毒衣
	手防护	戴橡皮手套
	其他	工作现场严禁吸烟。工作完毕，淋浴更衣。保持良好的卫生习惯
应急处理	泄漏处理	迅速撤离泄漏污染区人员至上风处，并隔离直至气体散尽。应急处理人员佩戴正压自给式呼吸器，穿化学防护服，切断火源。勿使泄漏物与可燃物（木材、纸、油）接触，切断气源，喷洒雾状水稀释，抽排（室内）或强力通风（室外），漏气容器不能再用，且要经过技术处理以清除可能剩下的气体

3．化学药品中毒

在污水消毒、污泥脱水脱臭、排气等过程中，要使用次氯酸钠、三氯化铁、氢氧化铁、氢氧化钙、盐酸、氢氧化钠等多种药品。这些药品与人体接触或流出处理设备都会带来危险，所以在使用和管理上要多加小心。使用这些药品时，要佩（穿）戴橡胶手套、橡胶靴、橡胶围裙等保护用具。注意不要使药品与皮肤、眼睛、衣服等接触，如果不慎接触应立即用自来水进行冲洗。

（1）化学药品的使用要求

①遵守安全操作规范并使用适当的防护用品。

②工作结束后要充分洗净身体的暴露部分。

③定期检查身体。

④皮肤受伤时要完好地包扎。

⑤时刻注意防止自我污染，尤其在清洗或更换工作服时要更加注意。

⑥在衣服口袋里不装被污染的东西，如抹布、工具等。

⑦防护用品要分放、分洗。

⑧勤剪指甲并保持指甲洁净。

⑨不直接接触能引起过敏的化学药品。

（2）化学药品的安全操作要求

①严格执行工艺技术规程，遵守工艺纪律，做到“平稳运行”。

②严格执行安全操作规程。

③控制溢料和漏料，严防“跑、冒、滴、漏”。

④不得随便拆除安全附件和安全连锁装置，不准随意切断报警等信号。

⑤正确穿戴和使用个人防护用品。

⑥严格安全纪律，禁止无关人员进入操作岗位和动用生产设施设备与工具。

⑦正确判断和处理异常情况。在紧急情况下，应先处理后报告（包括停止一切检修作业、通知无关人员撤离现场等）。

六、淹溺事故处理处置

1．预防淹溺事故的安全措施

①污水池必须有栏杆，栏杆高度 1.2 m，池上栏杆必须经检查，以防发生溺水事故。

②污水池运行管理人员不能随便越栏工作，需要越栏工作时必须穿好救生衣并有人监护。

③污水池区域必须设置若干救生圈，以备紧急救援。

④及时清除池上走道的积水、积雪和杂物，池上走道应注意防滑，且不能高低不平。

⑤铁栅、池盖、井盖如有腐蚀损坏，需要及时调换。

⑥在危险源处设置安全警示标志。

2．溺水的急救方法

溺水者被救上岸后，根据其状态分别施予不同急救措施：

①如果溺水者意识清醒，有呼吸有脉搏（心跳），则呼叫“120”，陪伴伤员，注意保暖，等待救援人员或送医院观察。

②若溺水者昏迷（呼叫无反应），有呼吸有脉搏（心跳），及时呼叫“120”，同时应帮其侧卧，快速清理口腔内异物，如水中的泥沙、杂草等，以维持气道通畅，防呕吐时误吸，并密切观察，等待救援人员。

③若溺水者昏迷（呼叫无反应），无呼吸有脉搏（心跳），类似“假死”状态，伤员喉痉挛，无呼吸，脉搏微弱濒临停止，此时给予其开放气道、人工呼吸，脉搏心跳即可迅速增强。恢复呼吸后，可侧卧位，等待救援人员。

④溺水者若无呼吸和心跳，首先是压额头抬下颏开放气道（airway，A），然后人工呼吸（breathing，B），人工呼吸在最初向溺水者肺内吹气时必须用大力，以便使气体加压进入灌水萎缩的肺内，尽早改善窒息状态。接着胸外心脏按压（compression，C）。持续 A→B→C 心肺复苏急救顺序。切记同时呼叫“120”，并持续复苏至伤员呼吸脉搏恢复或急救人员到达。

需要注意的是，目前国际上主流的医学观点，对于溺水的急救，已经不采用控水（排水）处理了。

七、高处坠落事故处理处置

1．高处坠落事故的基本概念

污水和污泥处理的构筑物具有容积大的特点，为保证处理过程实现重力流，在高程设计时构筑物顶部一般距地面 2～3 m，部分构筑物将达到 10 m 以上，构筑物的池深一般也有 3～7 m，如果操作人员不慎坠落池内或地上，都可能摔伤。高处作业是指在坠落高度基准面 2 m 以上（含 2 m）有可能发生坠落的高处进行的作业。高处作业包括在作业场地的作业，也包括作业时上下攀登的过程。污水处理厂员工有时需要登高作业，如调换池上电灯泡。放空污水池后在池上的工作也相当于高处作业。

2．预防高处坠落事故的安全措施

①定期检修爬梯、防护栏杆、踢脚板。登高必须检查脚手架、脚手板的牢固情况。

②配备安全帽、安全带（绳）、安全网、救生圈、救生衣等器材，保护人身安全。

③加强员工培训，提高其作业时的安全意识。

④在危险源处设置安全警示标志。

⑤患有心脏病、高血压和深度近视的员工不得登高作业。

⑥迷雾、大雪、大雨或 6 级以上大风天气不得登高作业，夜间不摸黑登高，不准穿厚底皮鞋或携带笨重工具。

八、雷电事故处理处置

1．雷雨天气的注意事项

①应留在室内并关好门窗，在室外工作的员工应躲入建筑物内。

②避免接触天线、水管、铁丝网、金属门窗和建筑物外墙，远离电线等带电设备或其他类似的金属装置。

③不宜使用无防雷措施或防雷措施不足的电视、音响等电器，不宜使用水龙头。

④避免露天使用电话和无线电话。

⑤在户外工作的员工应离开水面和其他空旷场地，寻找有防雷设施的地方躲避，不要赤脚站在泥地和水泥地上。

⑥远离电线杆、树木、桅杆等尖耸物体。

⑦在空旷场地不宜打伞，要关闭手机。

⑧切勿站立于楼顶或其他凸出物体上，切勿靠近导电性强的物体。

⑨要避免骑摩托车、自行车，尤其不能骑摩托车、自行车在雷雨中狂奔。

2．被雷击伤人员的急救措施

①受雷击而烧伤或严重休克的人，其身体是不带电的，急救时不要有顾虑。应迅速扑灭他身上的火，实施急救。

②若伤者失去知觉，但有呼吸和心跳，则有可能自行恢复。应该让他舒展平卧，安静休息后送医院救治。

③若伤者已经停止呼吸和心跳，应迅速果断地交替进行口对口人工呼吸和心肺复苏，并及时送往医院。

【任务练习】

1．触电事故发生的急救顺序如何？

2．污水处理厂发生火灾的原因有哪些？发生火灾时应该如何急救？

3．污水处理厂硫化氢产生的过程是怎样的？应该如何预防？

4．请列出防止高处坠落事故的安全防护措施。

（扫码获取参考答案）

任务 2　院前急救

【任务目标】

能够识别日常工作或发生事故时的人员受伤情况，并及时呼叫“120”救援；能够在工作现场对中暑、外伤、窒息及心搏骤停的人员进行院前急救。

【知识铺垫】

一、中暑急救

在大气温度较高（>32℃）、湿度较大（>60%）和无风的环境中，长时间工作或进行强体力劳动，又无充分防暑降温措施时，缺乏高热环境适应能力者易发生中暑。中暑程度严重的可导致热射病，热射病是一种致命性疾病，病死率较高。

中暑的急救方法：将患者迅速移到阴凉、安静的地方平卧休息；解松患者的衣服，用冷水擦其身体，同时用电风扇向患者吹风；给患者喝适量的含盐清凉饮料，服解暑药物，呼吸困难者给予吸入氧气，必要时进行人工呼吸，严重者应立即送往医院。

二、外伤急救

1. 骨折急救

固定断骨的材料可就地取材，如木棍、树枝、木板、拐杖、硬纸板等都可作为固定材料，长短要以能固定住骨折处上下两个关节或不使断骨错动为准。脊柱骨折或颈部骨折时，除非是特殊情况（如室内失火），否则应让伤者留在原地，等待携有医疗器材的医护人员来搬动。

抬运伤者的过程中，从地上抬起时，要多人同时缓缓用力平托；运送时，必须用木板或硬材料，不能用布担架或绳床。木板上可垫棉被，但不能用枕头，颈椎骨骨折伤者的头须放正，两旁用沙袋将头夹住，使头不能随便晃动。

2. 出血的急救

止血前需检查清楚出血情况，根据出血种类而采取不同的止血方法。

（1）毛细血管出血

毛细血管出血呈小点状的红色血液，从伤口表面渗出，看不见明显的血管出血。这种出血常能自动停止。通常用碘酒和酒精消毒伤口周围皮肤后，以消毒纱布和棉垫盖在伤口上缠以绷带，即可止血。

（2）静脉出血

静脉出血的特征为暗红色的血液，迅速而持续不断地从伤口流出。止血的方法和毛细血管出血大致相同，但需稍加压力缠敷绷带。不是太大静脉出血时，用上述方法一般可达到止血目的。

（3）动脉出血

动脉出血来势凶猛，颜色鲜红，随心脏搏动而呈喷射状涌出。大动脉出血可以在数分钟内导致患者死亡，需紧急止血、抢救。动脉出血的止血方法有指压止血法：用拇指压住出血的血管上方（近心端），使血管被压闭住，中断血流。在不能使用止血带的部位，在身边没有器材或紧急情况下，可暂用指压止血法。采用加压包扎法止血。伤口覆盖无菌敷料后，再用纱布折叠成相应大小的垫，置于无菌敷料上面，然后再用绷带、三角巾等紧紧包扎，以停止出血为度。这种方法用于小动脉以及静脉或毛细血管的出血。但伤口内有碎骨片时，禁用此方法，以免加重损伤。

采用止血带止血法。四肢较大的动脉出血时，用止血带止血，最好用较粗而有弹性的橡皮管进行止血。用止血带时，首先在创口以上的部位用纱布或绷带缠绕在皮肤上，然后将橡皮管拉长，紧紧缠绕在缠有纱布或绷带的肢体上，然后打结。止血带不应缠得太松或过紧，以血液不再流出为度。上肢受伤时缚在上臂，下肢受伤时缠在大腿，如此才会达到止血目的。注意：缚止血带的时间，原则上不超过 1 h，如需较长时间缚止血带，则应每隔 30 min 松解止血带 0.5 min 左右。在松解止血带的同时，应压住伤口，以免大量出血。而对于其他情况的大量出血，处置步骤如下：

①让伤者躺下，把伤者的头置于稍微低于其身躯的位置，又或者是稍微抬高伤者的双腿。这样做是为了更好地使血液流向大脑，以减低昏晕的风险。可以的话，抬高一下伤者的出血点。

②戴上手套之后，移走伤口上明显的污垢或者残留物。不要移走任何较大或者深藏于伤口里的物体。此时，不要探查伤口，也不要尝试去清理它。

③直接对伤口施加压力。使用一条消毒过的绷带，干净的布甚至是一件衣服包扎伤口。如果身边没有可以包扎的材料的话，就直接用自己的手来止血。

④对伤口施加压力，直到成功止血为止。一直按住伤口，持续至少 20 min，而且要记住，不要时不时地放开手看看伤口是否已经止血了。要达到对伤口持续施压的目的，可以用绷带以及胶布紧紧地把伤口包扎好。

⑤不要移走纱布或者绷带。如果伤口持续出血，血液已经渗出到纱布上或者渗出到其他用来包扎伤口的材料上，切记，不要把这些包扎伤口的材料拿走。相反，要用更多吸收力好的材料包在伤口上。

⑥必要的话，压住重要动脉。如果对伤口直接施加压力都达不到止血的目的，应该先找出给伤口输血的动脉，然后对这根动脉施加压力。手臂的血管出血压迫点是在手臂的内侧，具体来说，就是在肘关节上一点点，腋窝下一点点的地方。而大腿的血管出血

压迫点就是在膝盖的后面，以及在腹股沟位置。用手压住这些区域里的主动脉，且手指一直都是水平地施压，然后用另外一只手，继续用力压住伤口。

⑦一旦止血成功，要让受伤部位固定不动。不要拆掉绷带，应让它一直绑住伤口。然后尽快把伤者送到急救室。如果怀疑是内出血，应立即寻求紧急援助。

3. 肢体切断的急救方法

断肢（指）后，有时即刻造成伤者因流血或疼痛而发生休克，所以应设法首先止血，防止伤员休克。其急救要点包括：

①让伤者躺下，用一块纱布或清洁布块（如翻出干净手帕的内面），放在断肢伤口上，再用绷带固定位置。如果找不到绷带，也可用围巾包扎。

②如是手臂切断，用绷带把断臂挂在胸前，固定位置；若是一条腿断了，则与另一条腿扎在一起。

③料理好伤者后，设法找回断肢。倘若离断的伤肢（指）仍在机器中，千万不能将肢体强行拉出，或将机器倒开（转），以免增加损伤的机会。正确的方法应是拆开机器后取出。

④取下断落的肢（指）体后，立即用无菌纱布或干净布片包扎，然后放入塑料袋或橡皮袋中，结扎袋口。若一时未准备好袋子或消毒纱布，可暂置于4℃的冰箱内（不应放在冰冻室内，以免冻伤）。运送时应将装有断伤肢体的袋子放入合适的容器中，如广口保温桶等，周围用冰块或冰棍冷冻（注意防止冰块与其直接接触，以免冻伤），迅速同伤员一起送医院以备断肢（指）再植。

⑤离断后的伤肢（指），如有少许皮肤或其他肌腱相连，不能将其离断，应放在夹板或阔竹片上，然后包扎，立即送到医院作紧急处理。

⑥严禁在离断伤肢（指）的断端涂抹各种药物及药水（包括消毒剂），更不能涂抹牙膏、灶灰之类试图止血。

4. 灼烫伤的急救方法

（1）热烧伤的急救方法

①伤员身上燃烧的衣服一时难以脱下时，可让伤员躺在地上打滚或用水喷洒扑灭火焰。附近有清水时，也可让伤员跳入水中。如果肢体烧伤，可把肢体直接浸入冷水中灭火。

②用清洁包布覆盖创面，做简单包扎，避免创面污染。

③伤员口渴时，可让其适量喝水或含盐饮料。

④经现场处理后，迅速把伤员转送医院救治。在转送过程中，要注意观察其呼吸、脉搏、血压等的变化。

（2）化学灼伤的急救方法

①迅速清除残留在创面的化学物质，剪去被化学物质污染的衣服，以减少创面继续

损伤。

②创面用大量清水冲洗。

③恰当采用中和法治疗，如酸烧伤可用 2%苏打水或 3%含盐水或肥皂水冲洗中和，碱烧伤可用 3%的硼酸溶液或 2%醋酸溶液冲洗中和。

④用酸碱中和处理和清水冲洗后的创面，可盖上清洁敷料，保护创面，防止继发感染和再损伤。

⑤若化学物质溅入眼内，切忌用手或手帕揉擦，以免增加创伤。

⑥如果误服有毒化学品，因口腔、消化道黏膜大面积烧伤而出现剧烈疼痛、恶心呕吐时，可服用牛奶、植物油、鸡蛋清等进行保护。

5．一般性外伤的急救

①视伤情送往医院，防止破伤风。

②轻微内伤，送医院检查。

三、心肺复苏术

1．心肺复苏的概念

心肺复苏术（cardiopulmonary resuscitation，CPR），是针对骤停的心脏和呼吸采取的救命技术，是为了恢复患者自主呼吸和自主循环。

心搏骤停（cardiac arrest，CA）是指由各种原因引起的、在未能预计的情况和时间内心脏突然停止搏动，而导致有效心泵功能和有效循环突然中止，引起全身组织细胞严重缺血、缺氧和代谢障碍，如不及时抢救即刻失去生命。污水处理厂发生的触电、溺水、窒息、中毒等事故，均有可能造成人员呼吸停止、心搏骤停。

2．心肺复苏的意义

心搏骤停一旦发生，如得不到即刻及时地抢救复苏，4～6 min 后会造成患者脑和其他人体重要器官组织的不可逆的损害，因此心搏骤停后的心肺复苏必须在现场立即进行，为进一步抢救直至挽回心搏骤停伤病员的生命而赢得最宝贵的时间。心搏骤停不同于任何慢性病终末期的心脏停搏，若及时采取正确有效的复苏措施，病人有可能被挽回生命并得到康复。

3．心肺复苏的步骤

由美国心脏协会（AHA）和其他一些西方发达国家复苏学会制定的每 5 年更新一次的《国际心肺复苏及心血管急救指南》对指导和规范在全球范围内的心肺复苏具有重要的积极意义。目前“指南”用五个链环来表达实施紧急生命支持的重要性：

①立即识别心脏停搏并启动应急反应系统；

②尽早实施 CPR，强调胸外按压；

③快速除颤；

④有效的紧急生命支持；

⑤综合的心脏骤停后治疗。

上述①、②、③是非医务人员可以在院外开展的急救。

（1）伤员（患者）心搏骤停的表现

心搏骤停的主要临床表现为意识突然丧失，心音及大动脉搏动消失。一般心脏停搏3～5 s，病人有头晕和黑蒙；停搏5～10 s由于脑部缺氧而引起晕厥，即意识丧失；停搏10～15 s可发生阿-斯综合征，伴有全身性抽搐及大小便失禁等；停搏20～30 s呼吸断续或停止，同时伴有面色苍白或发绀；停搏60 s出现瞳孔散大；如果停搏超过4～5 min，往往因中枢神经系统缺氧过久而造成严重的不可逆损害。辅助检查以心电图最为重要，心搏骤停4 min内部分病人可表现为心室颤动，4 min后则多为心室静止。

心搏骤停的识别一般并不困难，最可靠且出现较早的临床征象是意识突然丧失和大动脉搏动消失，且伴有濒死喘息或完全呼吸停止。一般轻拍病人肩膀并大声呼喊以判断其意识是否存在，以食指和中指触摸颈动脉以感觉有无搏动，如果二者均不存在，且呼吸异常就可做出心搏骤停的诊断，并应该立即实施初步急救和复苏。如果在心搏骤停5 min或更短时间内争分夺秒地给予有效的心肺复苏，病人有可能获得复苏成功且不留下脑和其他重要器官组织损害的后遗症；但若延迟至5 min以上，则复苏成功率极低，即使心肺复苏成功，亦难免造成病人中枢神经系统不可逆性的损害。因此在现场识别和急救时，应分秒必争，充分认识到时间的宝贵性。注意：不应要求所有临床表现都具备齐全才肯定诊断，不要等待听心音、测血压和心电图检查而延误识别和抢救时机。

（2）基础生命支持

基础生命支持（basic life support，BLS）又称初步急救或现场急救，目的是在心脏骤停后，立即以徒手方法争分夺秒地进行复苏抢救，以使心搏骤停病人心、脑及全身重要器官获得最低限度的紧急供氧（通常按正规训练的手法可提供正常血供的25%～30%）。BLS的基础包括突发心脏骤停（sudden cardiac arrest，SCA）的识别、紧急反应系统的启动、早期心肺复苏（CPR）、迅速使用自动体外除颤仪（automatic external defibrillator，AED）除颤。BLS程序已被简化。

①评估和现场安全：急救者在确认现场安全的情况下轻拍患者的肩膀，并大声呼喊“你还好吗？”检查患者是否有呼吸。如果没有呼吸或者没有正常呼吸（即只有喘息），立刻启动应急反应系统。

②启动紧急医疗服务（emergency medical service，EMS）并获取AED。

如发现患者无反应无呼吸，急救者应启动EMS体系（拨打“120”），取来AED（如果有条件），对患者实施CPR，如需要时立即进行除颤。如有多名急救者在现场，其中一名急救者按步骤进行 CPR，另一名启动 EMS 体系（拨打“120”），取来 AED（如果有条件）。在救助淹溺或窒息性心脏骤停患者时，急救者应先进行 5 个周期（2 min）的 CPR，然后拨打“120”启动 EMS 系统。

③脉搏检查：对于非专业急救人员，不再强调训练其检查脉搏，只要发现无反应的患者没有自主呼吸就应按心搏骤停处理。对于医务人员，一般以一手食指和中指触摸患者颈动脉以感觉有无搏动（搏动触点在甲状软骨旁胸锁乳突肌沟内）。检查脉搏的时间一般不能超过 10 s，如 10 s 内仍不能确定有无脉搏，应立即实施胸外按压。

④胸外按压（compression，C）：确保患者仰卧于平地上或用胸外按压板垫于其肩背下，急救者可采用跪式或踏脚凳等不同体位，将一只手的掌根放在患者胸部的中央，胸骨下半部上，将另一只手的掌根置于第一只手上，手指不接触胸壁。按压时双肘须伸直，垂直向下用力按压（图 4-30）。成人按压频率为 100～120 次/min，下压深度 5～6 cm，每次按压之后应让胸廓完全恢复。按压时间与放松时间各占 50%左右，放松时掌根部不能离开胸壁，以免按压点移位。对于儿童患者，用单手或双手于乳头连线处水平按压胸骨，对于婴儿，用两手指于紧贴乳头连线下方水平按压胸骨。为了尽量减少因通气而中断胸外按压，对于未建立人工气道的成人，2010 年国际心肺复苏指南推荐的按压-通气比率为 30∶2。对于婴儿和儿童，双人 CPR 时可采用 15∶2 的比率。如双人或多人施救，应每 2 min 或 5 个周期 CPR（每个周期包括 30 次按压和 2 次人工呼吸）更换按压者，并在 5 s 内完成转换。研究表明，在按压开始 1～2 min 后，操作者按压的质量就开始下降（表现为频率和幅度以及胸壁复位情况均不理想）。

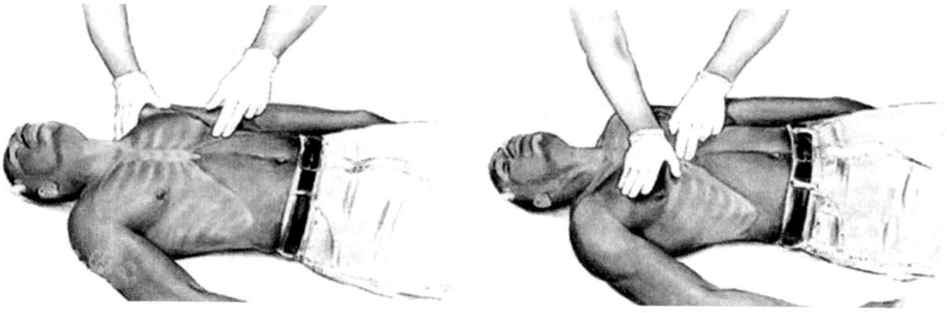

图 4-30　胸外按压操作

⑤开放气道（airway，A）：在 2010 年美国心脏协会 CPR 及 ECC 指南中有一个重要改变是在通气前就要开始胸外按压。胸外按压能产生血流，在整个复苏过程中，都应该尽量减少延迟和中断胸外按压。而调整头部位置，实现密封以进行口对口呼吸，拿取球囊面罩进行人工呼吸等都要花费时间。采用 30∶2 的按压通气比开始 CPR 能使首次按压延迟的时间缩短。有两种方法可以开放气道提供人工呼吸：仰头抬颏法（图 4-31）和推

举下颌法。后者仅在怀疑头部或颈部损伤时使用，因为此方法可以减少颈部和脊椎的移动。遵循以下步骤实施仰头抬颏：将一只手置于患者的前额，然后用手掌推动，使其头部后仰，将另一只手的手指置于颏骨附近的下颌下方，提起下颌，使颏骨上抬。注意：在开放气道同时应该用手指挖出病人口中异物或呕吐物，有假牙者应取出假牙。

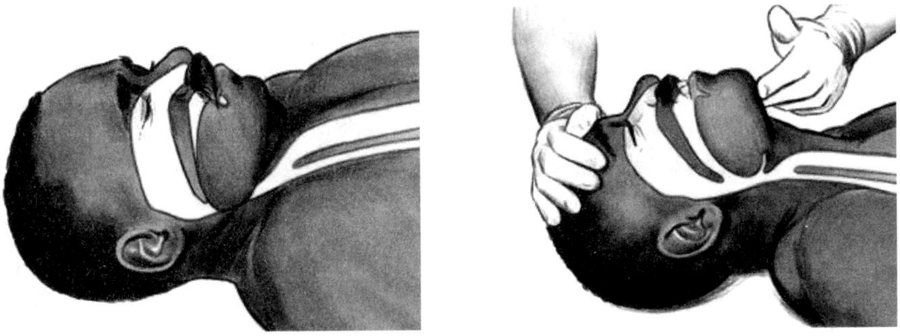

图 4-31 仰头抬颏法

⑥人工呼吸（breathing，B）：给予人工呼吸前，正常吸气即可，无须深吸气；所有人工呼吸（无论是口对口、口对面罩、球囊-面罩或球囊对高级气道）均应该持续吹气 1 s 以上，保证有足够量的气体进入并使胸廓起伏；如第 1 次人工呼吸未能使胸廓起伏，可再次用仰头抬颏法开放气道，给予第 2 次通气；过度通气（多次吹气或吹入气量过大）可能有害，应避免。

实施口对口人工呼吸是借助急救者吹气的力量，使气体被动吹入肺泡，通过肺的间歇性膨胀，以达到维持肺泡通气和氧合作用，从而减轻组织缺氧和二氧化碳潴留。方法为：将受害者仰卧置于稳定的硬板上，托住颈部并使头后仰，用手指清洁其口腔，以解除气道异物，急救者以右手拇指和食指捏紧病人的鼻孔，用自己的双唇把病人的口完全包绕，然后吹气 1 s 以上，使胸廓扩张；吹气毕，施救者松开捏鼻孔的手，让病人的胸廓及肺依靠其弹性自主回缩呼气，同时均匀吸气，以上步骤再重复一次。对婴儿及年幼儿童复苏，可将婴儿的头部稍后仰，把口唇封住患者的嘴和鼻子，轻微吹气入患者肺部。如患者面部受伤妨碍进行口对口人工呼吸，则可进行口对鼻通气。深呼吸一次并将嘴封住患者的鼻子，抬高患者的下巴并封住口唇，对患者的口鼻深吹一口气，移开救护者的嘴并用手将受伤者的嘴敞开，这样气体可以出来。

⑦除颤（AED）：打开 AED（图 4-32）并根据语音提示对患者进行急救，步骤包括确认患者状态，包括是否失去反应、失去呼吸等。打开患者衣物裸露胸部，并根据标识将电极贴片贴在相应位置。AED 分析心率，避免接触患者，以免干扰对心率的分析。当心率分析结果为室颤时，AED 进行充电，充电完成后按下橙色按钮进行除颤，患者表现为全身瞬间抖动，之后需继续进行心肺复苏。

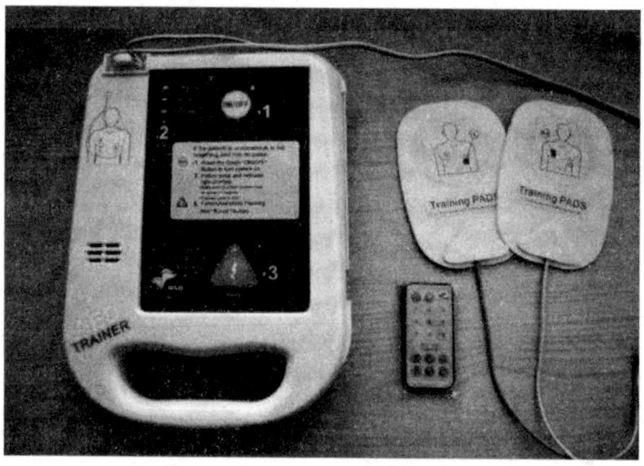

图 4-32　除颤仪

【任务练习】

在人体模型上进行心肺复苏急救操作。

参考文献

[1] 刘景良. 安全管理. 北京：化学工业出版社，2014.

[2] 周波，李薇. 安全管理. 北京：国防工业出版社，2015.

[3] 中国安全生产科学研究院. 安全生产管理. 北京：应急管理出版社，2019.

[4] 罗云. 现代安全管理. 北京：化学工业出版社，2016.

[5] 林柏泉，张景林. 安全系统工程. 北京：中国劳动社会保障出版社，2007.

[6] 王凯全. 安全管理学. 北京：化学工业出版社，2011.

[7] 崔政斌，张美元，周礼庆. 杜邦安全管理. 北京：化学工业出版社，2018.

[8] 人力资源和社会保障部教材办公室. 污水处理工（五级）. 北京：中国劳动社会保障出版社，2018.

[9] 人力资源和社会保障部教材办公室. 污水处理工（四级）. 北京：中国劳动社会保障出版社，2018.

[10] 人力资源和社会保障部教材办公室. 污水处理工（三级）. 北京：中国劳动社会保障出版社，2018.

[11] GB 39800—2020 个体防护装备配备规范.

[12] GBZ 2.1—2019 工作场所有害因素职业接触限值　第 1 部分：化学有害因素.

[13] GBZ 2.2—2007 工作场所有害因素职业接触限值　第 2 部分：物理因素.

[14] GB 18218—2018 危险化学品重大危险源辨识.

[15] GB/T 37243—2019 危险化学品生产装置和储存设施外部安全防护距离确定方法.

[16] GB 6441—1986 企业职工伤亡事故分类标准.

[17] HJ 169—2018 建设项目环境风险评价技术导则.

[18] GB/T 29639—2020 生产经营单位生产安全事故应急预案编制导则.

[19] GB/T 33000—2016 企业安全生产标准化基本规范.

[20] GBZ/T 225—2010 用人单位职业病防治指南.

[21] GB/T 18664—2002 呼吸防护用品的选择、使用与维护.

[22] AQ/T 9007—2019 生产安全事故应急演练基本规范.